中华文化公开课

酒文化十三讲

李世化 ◎ 著

当代世界出版社
THE CONTEMPORARY WORLD PRESS

图书在版编目（CIP）数据

酒文化十三讲 / 李世化著 . -- 北京：当代世界出
版社 , 2020.6
（中华文化公开课）
ISBN 978-7-5090-1355-7

Ⅰ . ①酒… Ⅱ . ①李… Ⅲ . ①酒文化—中国 Ⅳ .
① TS971.22

中国版本图书馆 CIP 数据核字 (2018) 第 125793 号

酒文化十三讲

作　　者：李世化
出版发行：当代世界出版社
地　　址：北京市复兴路 4 号（100860）
网　　址：http://www.worldpress.org.cn
编务电话：（010）83907332
发行电话：（010）83908410（传真）
　　　　　13601274970
　　　　　18611107149
　　　　　13521909533
经　　销：新华书店
印　　刷：北京紫瑞利印刷有限公司
开　　本：710mm×1000mm　1/16
印　　张：16
字　　数：300 千字
版　　次：2020 年 6 月第 1 版
印　　次：2020 年 6 月第 1 次
书　　号：ISBN 978-7-5090-1355-7
定　　价：39.80 元

前言

PREFACE

　　酒在中国文化中拥有独特的历史地位，它有时如阿拉丁神灯，有时如潘多拉魔盒，催化出不同的故事，演绎出不同的传奇，使中国文化飘荡出一股浓浓的酒香。

　　酒是重要的沟通媒介，上至国家大典、祭祀宗庙，下至亲朋相会、节日欢聚，都离不开酒。对于酒的好恶，不同的人评价可谓霄壤之别，毁之则为穿肠毒药，誉之则为琼浆玉液。毁谤酒者，谓之亡国之源；盛誉酒者，谓之钓诗之钩；前者如周公旦，后者如白乐天。周公鉴于夏桀殷纣溺于酒亡国，而制禁酒令；乐天因为饮醇酿文思如泉涌，而自命醉司马。不论是毁谤酒者，还是盛誉酒者，都有执着于一端之嫌。客观地说，酒对于祖国文化实在有着莫大的贡献。

　　无数文人雅士在酒的刺激下，于诗、词、歌、赋、文、琴、书、画等文化艺术上取得了辉煌的成就，既有酒后狂草的书法大师张旭和怀素，也有斗酒诗百篇的李太白。在几千年的发展中，酒几乎渗透到人类社会生活中的方方面面，可以说，一部酒的文化史，也是一部厚重的民俗生活史。

　　中国早在夏商周时期就出现了兴盛的酿酒业，两汉时期，出现了专门的酒吏，政府采取了禁止群饮等管理措施。《史记·文帝本纪》中就写到汉相萧何制定的律令，它曾规定：三人以上无故群饮，罚金四两。

　　隋唐时期，随着社会经济的上升，禁酒期非常短。此后出现了长达数个世纪的兴盛酒业。据说：唐代魏征造酒手艺很高明，曾酿出酾禄、翠涛两种酒，最为珍奇。而且藏于缸

前言

1

中，十年不会腐败。唐太宗非常喜欢魏征的酒，题诗曰："酃禄胜兰生(汉宫名酒)，翠涛过玉薤(隋炀帝宫中名酒)。千日醉不醒，十年味不败。"

唐政府鼓励酿酒，政府明令规定"天下置肆以酤者，斗钱百五十，免其徭役"，宋代为了增加税款，沿袭了这个制度，提出了"设法劝饮，以敛民财"的政策，使民众纵酒成风，酒肆林立全国城乡，酒楼夜市通宵达旦畅饮不息。后来，宋朝还实行了酒税承包制度。

元朝时，葡萄酒用于宴请、赏赐王公大臣、外国和外族使节。后期，饮用葡萄酒不再是王公贵族的专利，平民百姓也开始享用。到清末，一般社交场合以及酒馆里也可以饮用葡萄酒了。

片心惆怅清平世，酒市无人问布衣。

何处相期宿，咸阳酒市春。

半天红雨残云在，几家渔网夕晒，孤村酒市野花开。

朝回日日典春衣，每日江头尽醉归。

……

这是周文王的贤者酒、这是孔圣人的哲学酒、这是淳于髡的劝谏酒、这是鸿门宴的刀兵酒、这是唱《大风》的踌躇满志酒、这是卓文君当垆的痴情酒、这是青龙偃月斩华雄的风雷酒、这是青梅论英雄的交锋酒、这是阮籍放荡山林的傲世酒、这是新亭对泣的感伤酒、这是陶渊明隐居山野的逍遥酒、这是饮中八仙的快意酒、这是李太白剑气纵横的浪漫酒、这是杜子美彷徨无助的忧国酒、这是杨贵妃回眸一笑的倾城酒、这是赵匡胤君臣两全的释兵酒、这是苏舜钦汉书佐饮的性情酒、这是侠客义士的洒脱之酒、这是南山樵夫的欣悦之酒、这是烟波钓客的夕阳之酒、这是屠狗之辈的啖肉之酒、这是平民布衣的团聚之酒……正所谓：皇途霸业谈笑中，不胜人生一场醉！

本书综述中国酒文化，集溯源、传说、典故、文化内涵于一体，配大量精美的插图，融趣味性、知识性与文化性于一炉。饱览此书，犹如畅饮美酒，不亦乐乎！

目录
CONTENTS

第一讲 酒的历史——千载文明飘酒香

⊙白酒起源与传说/2

⊙黄酒起源与传说/4

⊙夏商周时期酒业/6

⊙汉代酒业/8

⊙魏晋南北朝酒业/10

⊙唐代酒业/12

⊙两宋酒业/14

⊙元朝酒业/16

⊙明代酒业/18

⊙清代酒业/20

第二讲 酒器探源——美酒入觥凝乐章

⊙五光十色的酒器/24

⊙造型讲究的陶酒器/26

⊙肃穆厚重的青铜酒器/28

⊙气质典雅的漆酒器/30

⊙雅俗共赏的瓷酒器/32

⊙豪华的金银酒器/34

⊙晶莹剔透的玉制酒器/36

⊙千奇百怪的酒具赏析/38

第三讲 酒礼与酒令——雅俗兼备飨与娱

⊙酒礼的起源与嬗变/42

⊙酒德起源与变革/44

⊙大盂鼎和监酒官/46

⊙上流社会中的燕礼/48

⊙礼节最高的飨礼/50

⊙酒令的源起和发展/52

⊙文雅的酒令/54

⊙游戏娱乐的酒令/56

⊙雅俗兼备的筹令/58

第四讲 酒祭与酒俗——天有大道人有伦

⊙人生礼仪的酒俗/62

⊙婚嫁宴会的酒俗/64

⊙行军打仗的酒俗/66

⊙民俗节日的酒俗/68

⊙日常生活中的酒俗/70

⊙祭祀中的酒俗/72

⊙节日的酒祭/74

⊙酒祭先祖的风俗/76

⊙酒祭神灵/78

第五讲 酒馔文化——觥筹交错宾客欢

⊙皇家酒宴文化/82

⊙古代官场酒宴文化/84

⊙古代国宴文化/86

⊙家宴酒文化/88

⊙游乐酒宴文化/90

第六讲 酒典与酒事——酾酒临江话青史

⊙秦穆公：以酒为器霸西戎/94

⊙吕不韦：化酒为棋助秦业/96

⊙刘邦：鸿门假醉脱虎口/98

⊙灌夫：逞酒骂座丧性命/100

⊙曹操：青梅煮酒论英雄/102

⊙陈后主：耽于饮宴亡宗庙/104

⊙宋太祖：一杯清酒释兵权/106

第七讲 酒与文人——书香醇酿且沉醉

⊙郦食其：高阳酒徒睨王侯/110

⊙蔡邕：饮醉辄倒称醉龙/112

⊙孔融：樽中美酒溢风流/114

⊙阮籍：大醉月余不复醒/116

⊙刘伶：常驾鹿车载美酒/118

⊙阮咸：狂醉之中显精神/120

⊙陶渊明：桃花源里自饮酒/122

⊙王绩：良酒三升使人留/124

⊙李白：仗剑载酒诗百篇/126

⊙杜甫：饮尽生前有限杯/128

⊙贺知章：金龟换酒共言欢/130

⊙白居易：青衫寥落醉司马/132

⊙石曼卿：高歌长吟插花饮/134

⊙苏轼：把酒临风问青天/136

⊙欧阳修：醉翁之意不在酒/138

⊙苏舜钦：豪饮不醉为解忧/140

⊙刘过：怀才不遇空遗恨/142

⊙曹雪芹：举家食粥酒常赊/144

第八讲 酒与艺术——一曲流觞琥珀光

⊙诗中酒文化/148

⊙画中酒文化/150

⊙音乐中酒文化/152

⊙武中酒文化/154

⊙书法中酒文化/156

⊙古典名著中酒文化/158

⊙神话传说中酒文化/160

第九讲 酒楼酒肆——城郭乡野酒旗风

⊙历史悠久的酒旗文化/164

⊙唐及以前的酒肆文化/166

⊙宋元时期的酒肆文化/168

⊙繁华兴隆的清代酒肆文化/170

⊙独具魅力的现代酒吧文化/172

第十讲 名酒传说——三杯醇酿话玉液

⊙国色天香的茅台/176

⊙传世名酒泸州老窖/178

⊙酒中三绝之西凤酒/180

⊙香飘四海的五粮液/182

⊙酒中牡丹古井贡/184

⊙白酒第一坊/186

⊙别有风味的董酒/188

⊙宫廷贡酒剑南春/190

⊙蓝色经典洋河酒/192

⊙香气浓郁的双沟大曲/194

⊙国色天香的宝丰酒/196

⊙悠悠岁月沱牌曲酒/198

第十一讲 酒名的来历——琼浆佳名传芬芳

⊙酒名文化博览（一）/202

⊙酒名文化博览（二）/204

⊙典故中的酒名/206

⊙通俗易懂的酒名/208

⊙诗词中的酒名/210

⊙古籍中的酒名/212

⊙其他酒名赏析/214

第十二讲 酒联赏析——墨香酒香共一味

⊙赞酒对联/218

⊙酒楼对联/220

⊙反映风俗的节日酒联/222

⊙名家酒联/224

⊙诗中酒联/226

⊙名著中酒联/228

第十三讲 趣味酒文化——经史满篇杂酒香

⊙禁酒文化/232

⊙榷酒文化/234

⊙税酒与禁限私酒/236

⊙佐酒文化/238

⊙品饮文化/240

⊙侑酒文化/242

第一讲

酒的历史——千载文明飘酒香

白酒起源与传说

中国是世界上最早酿酒的国家。究竟是谁发明了酒？典籍记载："酒之所兴，肇自上皇。一曰仪狄，一曰杜康。"另又载："山中猿猴嗜酒、采花取稻酿之。"关于酒的起源众说纷纭，莫衷一是。

酒文化在中国源远流长，中国是世界文明古国之一，是酒的故乡，在中华民族五千年的历史长河中，酒文化占据着重要地位。酒，在人类生活的历史长河中，不仅是一种客观的物质存在，而且是一种文化象征。关于酒的起源，大概有以下几种说法。

仪狄始作酒说

相传在夏禹时期，仪狄发明了酒。《吕氏春秋》中云："仪狄作酒。"汉代刘向所辑的《战国策·魏策二》中写道："昔者，帝女令仪狄作酒而美，进之禹，禹饮而甘之，曰：'后世必有饮酒而亡国者。'遂疏仪狄而绝旨酒。"这一段文字大体的意思是：夏朝统治者禹的妻子，令仪狄去监造酿酒。仪狄认真加工，酿造出美酒，并把酒奉献给禹品尝。禹喝了酒之后，觉得味道很美，但却说后世必然会有君王因贪饮美酒而亡国的。此事之后，禹疏远了仪狄，而且不再喝酒。这段资料似乎说明仪狄发明了酒，但是他生于何地？在禹的手下从事什么职务？死后埋葬于何处？古籍《吕氏春秋》和《战国策》均未记载，也未见于其他史料。

杜康造酒说

关于杜康造酒的说法，古籍中写道："其有饭不尽，委之空桑，郁结成味，久蓄气芳，本出于代，不由奇方。"这段话

◆ 杜康庙中的杜康雕像

◆ 杜康酿酒处

是说杜康把没吃完的剩饭，放在桑树的树洞里，剩饭在洞中发酵后，有芳香的气味传出，杜康由此获得灵感造出了酒。很多古人也认同酒是杜康所创之说，曹操在其诗中就写道："何以解忧，唯有杜康。"历史上，杜康确有其人，《世本》《吕氏春秋》《战国策》《说文解字》等古籍中都有关于他的记载。

猿猴造酒说

猿猴造酒说出现最晚，在唐人李肇所撰《国史补》中，记载了居于深山野林中的猿猴嗜酒，于是人们就在它们出没的地方，放了几缸美酒。猿猴闻到酒香后，就赶来开怀畅饮，并且喝得酩酊大醉，被人捉住。

明代的《紫桃轩又缀》记载："黄山多猿猱，春夏采杂花果于石洼中，酝酿成酒，香气溢发，闻娄百步。野樵深入者或得偷饮之，不可多，多即减酒痕，觉之，众猱伺得人，必嬲死之。"到了清代，文人的著作中也有类似的记载，如《粤东笔记》中写："琼州多猿……尝于石岩深处得猿酒，盖猿以稻米杂百花所造，一石穴辄有五六升

许，味最辣，然极难得。"这些不同时代、不同人的记载，说明了猿猴确实会造酒。不过，猿猴所造的酒，与人所酿的酒是有本质区别的，它最多是天然发酵所形成的带有酒味的饮料而已。

那么，酒到底是谁创造的呢？窦苹在《酒谱》中有这样一句话："予谓智者作之，天下后世循之而莫能废。"这句话很有哲理，也十分接近真实情况。酒不是某一个人或者上天创造的，它是广大劳动人民在经年累月的劳动中，逐渐探索和积累经验发现的。人们不断改良造酒方式，最终出现了比较完善的酿酒方法，并一代一代地相袭下来，流传至今。

延伸阅读

杜康造酒遗址

杜康造酒遗址位于河南省汝阳县杜康村，遗址东西长一千五百米，南北长约一千米，其南面有杜康河和酒泉沟，沟里的泉水清冽碧透，相传这里就是杜康酿酒取水之处。泉边现存有周平王赐名的"酒泉"石匾，不远处还有杜康祠，它是汉光武帝刘秀为祭祀酿酒之圣杜康，于建武年间所建，后来毁于战火。在唐朝和清朝，政府都曾予以复修或重建。杜康造酒坊位于凤山脚下，杜康河东侧，二十世纪八十年代，曾发现多段古墙基，并出土多件古代酒器，其中包括周代的铜爵和铜鼎，后来在这里又出土了周代的铲币、刀币等珍贵文物。

黄酒起源与传说

黄酒是中国特有的酿造酒，因其营养丰富，并具有多种养身健体之功效，闻名世界。

世界上三大古酒——黄酒、啤酒、葡萄酒，惟黄酒源于中国，是中国最古老的酒种。提到黄酒，不得不提起丹阳黄酒。那么，丹阳黄酒最早源于何时呢？唐朝诗人李白游历江南时留下了名句：

南国新丰酒，山东小妓歌。

所谓新丰酒就是今天丹阳黄酒的古称。丹阳黄酒是一种米酒，醇美甜芳，颜色金黄，古今驰名，可与浙江绍酒媲美。由此可见，丹阳黄酒至少在唐朝已经出现。

黄酒传说

古时候，中国和高句丽王国很友好，当时航海逐渐发达，两国通过船只交往，来往不绝。高句丽王的公主爱慕中国的山水名胜和文明，曾乘海船前来游访。

东海龙王早闻公主的美貌，但平时公主深居王宫，没有机会相见。如今听说公主要渡海了，认为是个难得的求爱机会，于是便亲自驾了一只大海船，船上装满了美酒，一路跟踪公主的船只。公主一心向往中国，并不理会那只尾随的船。

眼看船要靠近中国海岸了，龙王心里着急，命令船工奋力赶上前船，和公主相见。公主见东海龙王是个满脸胡子的老头，一肚子不高兴。龙王满脸堆着笑容说："我是东海龙王，早就爱慕公主的美貌，愿娶你为王妃。"说完，手指船上满舱的酒坛："这一船美酒是我专门备办的，在我们结婚时筵席饮用。"公主愤愤地回答说："我现在要到中国去，不想跟任何人结婚，请你不要阻拦我的去路；这些酒你还是带回龙宫去，一个人慢慢喝吧。"

龙王不死心，厚着脸说："你到中国

◆ 古代酿酒画像砖

去，人生地不熟，弄得不好会遭殃的。我劝你还是待在我的龙宫好。那里存着无数珍宝，任你享用，不比到中国去快活？"然后鼓起一阵风浪，把公主的船颠簸得摇摇欲倾。公主见龙王无礼，不禁怒火直冒："龙王，你休要小觑中国。中国是大国上邦，你那海底的小小龙宫岂能相比？我宁愿与陌生的中国人做朋友，也不会做你的王妃，你快滚回去吧。"

龙王恼羞成怒，掀起狂风巨浪，所有的船都沉没了，美酒也统统沉入大海。说也奇怪，公主淹死后，尸体仍然向着中国海岸的方向漂去，不久，海面上涌起了一座高山，掩埋了公主的玉躯，这就是现今江苏省丹徒区与句容县交界处的高丽山，位置在镇江市西南45里处。沉船的地方化成了坎船山，酒瓮沉积的地方叫做酒瓮山。

龙王的船沉没后，美酒流入大海，顺流淌到了丹阳的曲阿湖(即今练湖)，因此用曲阿湖水酿的酒特别醇厚。练湖水通大运河，运河线上的新丰镇也因此盛产美酒，诗人李白饮了称赞不已，要"多沽新丰杯，满载剡溪船"。

丹阳黄酒溯源

丹阳黄酒原液装坛储藏多年，就成了封缸酒，封缸酒质地比一般丹阳黄酒更为醇浓，是现今苏南各地宴客时的佳品。

丹阳地区产酒的历史非常久远，当地王家山地区的新石器时代遗址，出土了不少文物，其中一件黑色陶器造型别致，纹饰古朴，考古学家认为是上古时代的酒器。二十世纪七十年代，丹阳司徒砖瓦厂还出土了一

◆ 酿酒灶台

批西周时期的青铜器，有尊、簋、鼎、盘、瓿等26件。其中尊和瓿属于酒器，尤其是一件青铜凤纹尊精美典雅，被考古学家誉为"吴地飞凤"。这批青铜酒器均为使用过的器具，且是本地区所铸造。另外，丹阳的四方山还出土了几件青铜酒器，一件是青铜方卣，一件是兽面纹尊。考古学家最后鉴定是西周晚期的器物。由此可见，丹阳酿酒的历史至少可以追溯到西周时期。

丹阳黄酒色泽橙黄清亮，香气浓郁，口感鲜甜爽口，风味独特，可谓中国黄酒中的琼浆玉液。

延伸阅读

丹阳"宫米"

丹阳产糯米，色泽红润光洁，是制酒的上品，因此有"酒米出三阳，丹阳为最好"之说。历代一直把丹阳产的黄酒列为贡品，所以丹阳黄酒获得"宫米"之名。宫米酒使用的糯米中有桂花香糯、猴突头糯、小红糯、黄壳糯和香珠糯等等，这样酿造的黄酒，清香醇和，透明如饧，堪称佳酿。

夏商周时期酒业

上古时期虽出现了酒，但只能算是原始的酒。到夏商时期，农业技术的发展和多余粮食的积蓄，使得酿酒技术得到提高，酒也产生了分类，《周礼》中就有"五齐"和"三酒"之说。

禹饮美酒后，预言有君王会因酒亡国。后来，禹的儿子启建立了夏朝，天子之位传到夏桀时，禹的预言应验了。夏桀贪婪女色，整天沉湎美酒。他派人开凿了大池，注入美酒，在其中泛舟取乐。他命人把酿酒过滤的酒糟，堆积成连绵数十里的山，称之为"糟丘"。夏桀还常让群臣爬在酒池边上，学牛饮水一样喝酒，酒醉后就坠入酒池淹死。夏桀统治时期，政治腐败，社会动荡不安，最终被商汤取而代之，夏桀成为我国

◆ 大禹像

历史上第一个因酒亡国的君主。

夏商酒业的发展

夏桀能凿出酒池，堆糟为丘，这说明在夏朝末期酿酒已经达到了一定规模。夏朝灭亡后，商朝建立，商朝人也喜欢饮酒，贵族饮酒更为盛行。这些贵族的墓葬中，随葬的酒器紧贴棺木。现代考古发掘出大量青铜酒器，都证实了商代社会的饮酒风气。当时的酒水主要是酒和醴，商代的甲骨文中也有酒和醴的记载。商朝人喜饮酒，促进了酿酒技术的发展，出现了人工酒曲酿酒，这就极大地提高了酒的产量。

西周的禁酒令

商朝传至纣王，又上演了因酒亡国的一幕。纣王和夏桀相比，有过之而无不及，他的统治手段十分残酷，导致民间怨声载道，众叛亲离，后被周武王所灭。武王灭商后，总结前者灭亡的教训，开始禁酒。在当时，上至王亲贵族，下到黎民百姓，都不能纵酒。武王死后，周公旦辅成王管理天下，特别制定了《酒诰》：

王若曰：明大命于妹邦。乃穆考文王，肇

◆ 周文王雕像（河南羑里遗址）

国在西土。厥诰毖庶邦、庶士越少正御事朝夕。曰：祀兹酒。惟天降命，肇我民，惟元祀。天降威，我民用大乱丧德，亦罔非酒惟行；越小大邦用丧，亦罔非酒惟辜。文王诰教小子：有正、有事，无彝酒，越庶国，饮惟祀，德将无醉。惟曰：我民迪小子惟土物爱，厥心臧。聪听祖考之彝训，越小大德。

这段话的大意是说，"文王在西部创建国家时，就经常告诫各个诸侯和各级官员，平时要节制饮酒，只能在祭祀时用酒。他还说，上天之所以降下灾难，是因为人们酗酒后，丧失了道德。不少诸侯国的灭亡，有很多也是因为饮酒造成的。"可以说《酒诰》是文献可考的中国最早的禁酒令。周王朝为了有效禁酒，还建立了一整套机构，严格管理酿酒和用酒。但是，随着酒业的发展，饮酒屡禁不止，而且饮酒范围还进一步扩大，饮酒的人数也日益增多，酒的种类也不断增多。

周代酒的分类

周朝管理酒的机构中，已经产生了专门的技术人才，他们掌握了固定的酿酒方法，并且建立了酒的质量标准。《周礼·天官》中记载：

酒正，中士四人，下士八人，府二人，史八人。酒正掌酒之政令，以式法授酒材……辨五齐之名，一曰泛齐，二曰醴齐，三曰盎齐，四曰醍齐，五曰沈齐。辨三酒之物，一曰事酒，二曰昔酒，三曰清酒。

"五齐"是酿造出的不同规格的酒，其中"泛齐"是含有酒滓，味道很淡的酒；"醴齐"是一种酒汁和酒滓相混合，而且带有甜味的酒；"盎齐"是白色的浊酒；"醍齐"是黄色的酒；"沈齐"是去掉酒滓的清酒。事酒、昔酒、清酒，大概是西周王宫内酒的分类；事酒是专门用来祭祀的酒，它是临时酿造的，酿造期较短，而且不需经过贮藏；昔酒则是经过贮藏的酒，它是用来招待贵宾的；清酒是档次最高的酒，它是经过长期贮藏后，再经过过滤和澄清等步骤制成的。

延伸阅读

中国最早的古酒

考古人员在郑州二里岗、河北藁城台西村发现了商代酿酒遗址，还发现了一座比较完整的酿酒作坊。后来，考古人员在河南罗山商代墓地里，发现了我国现存最早的古酒。当时，它装在一件青铜器内，密封良好。后来，经过科研部门抽取部分样品，进行色谱测试，证实它含有酒的成分。

汉代酒业

秦汉时期，由于政治上的统一，社会生产力得到了迅速发展，农业生产力也大幅度提高，这就为酿酒业的发展和兴旺提供了必要的物质基础。

西汉初建之时，因为秦末战争的破坏，粮食生产不足，政府采取了禁酒措施，官方发布了禁止群饮的条款。《史记·文帝本纪》中就写到汉相萧何制定的律令，规定：三人以上无故群饮酒，罚金四两。到了汉景帝以后，粮食产量增加，禁酒令名存实亡，酿酒业有了大规模的发展，出现了许多名酒，其中洪梁酒、九酝酒等尤为著名。

古籍《拾遗记》记载了洪梁酒：

汉武帝思怀往者李夫人，不可复得。时始穿昆灵之池，泛飞翔禽之舟。帝自造歌曲，使女伶歌之。时日已西倾，凉风激水，女伶歌声甚道，因赋落叶哀蝉之曲曰："罗袂兮无声，玉墀兮尘生。虚房冷而寂寞，落叶依于重扃。望彼美之女兮安得，感余心之未宁！"帝闻唱动心，闷闷不自支持，命龙膏之灯以照舟内，悲不自止。亲侍者觉帝容色愁怨，乃进洪梁之酒，酌以文螺之卮，卮出波祇之国。酒出洪梁之县，此属右扶风，至哀帝废此邑，南人受此酿法。今言云阳出美酒，两声相乱矣。帝饮三爵，色悦心欢。

这段话是说汉武帝思念一个死去的妃

◆ 汉朝夫妻饮酒图

子，侍者呈上洪梁酒为他解忧，皇帝喝了此酒后，龙颜大悦。

曹操与九酝酒

曹操能文会武，亦能饮酒，他在诗歌中曾写道：何以解忧，唯有杜康。他曾将家乡亳州产的"九酝酒"献给汉献帝刘协，并上表说九酝酒出自乡人郭芝的酿酒法，他在《上九酝酒法奏》中说：

臣县故令南阳郭芝，有九酝春酒。法用曲三十斤，流水五石，腊月二时清曲，正月冻解，用好稻米，漉去曲滓，便酿法饮，日酸诸虫，虽久多完，三日下酿，满九斛米止。臣得法酿之，常善：其上清滓亦可饮，若以九酝苦难饮，增为十酿，差甘易饮，不病，今谨上献。

曹操献出的这个酿造法，对酿酒业的发展有着重要的意义，它后来成为了我国黄酒酿造的最主要方法。

汉代名酒

汉代有很多名酒，其中有一种叫做百末旨的美酒。《汉书·礼乐志》记载："百末，百草华之末也。旨，美也。以百草华末杂酒，故香且美也。"

华即花，可见这种酒是以杂采百花之末而精心酿成的。

《后汉书·范冉传》还记载了一种用麦子酿造的酒："（范冉）与汉中李固、河内王奂亲善……及奂迁汉阳太守，将行，冉乃与弟协步赍麦酒，于道侧设坛以待之。"

范冉用麦酒为出任太守职位的好友送行，可见这种酒的品位之高。

金浆酒是汉代用甘蔗汁酿成的美酒。

西汉枚乘《柳赋》记载："于是樽盈缥玉之酒，爵献金浆之醪。"原注曰："梁人作薯蔗酒，名金浆。"薯蔗、甘拓都是甘蔗的古称。由此可知，汉代已经有了被人们称为"金浆"的甘蔗酒了。

椒酒是用花椒籽浸制的酒。汉代风俗，元旦（正月初一）子孙向家长献椒酒。《四民月令》："正月之朔，是谓正日。……子妇曾孙，各上椒酒于家长。称觞举寿，欣欣如也。"

从如此之多的名酒，可见汉代酒业的鼎盛与繁荣。

延伸阅读

汉高祖醉斩白蛇

秦末，刘邦任亭长，往骊山押送劳工。可是在路上，不少劳工逃跑了，到丰西泽时，他把剩下劳工全放走，结果有十几个人愿意跟随他。晚上，刘邦喝醉了酒，命这些人前行，走在前面的人跑过来告诉他，前面有一条大白蛇阻住了去路。刘邦在酒醉中说："是壮士的就跟我来！"然后快步上前，挥剑把挡路的大蛇斩为两段。后来，一个老妇人在蛇被杀死的地方大哭，有人问她为什么哭，老妇人说自己的儿子白帝子被杀了。那人又问是谁杀了他儿子，老妇人说是赤帝子。当人们把这个故事告诉刘邦，再去找老妇人的时候，老妇人却不见了。这个故事为刘邦树立威信奠定了舆论基础。

魏晋南北朝酒业

魏晋时期，酿酒技术进一步提高，饮酒之风盛行，当时还产生了我国历史上著名的酿酒大师，另外也出现了一些热衷于饮酒的团体，如"七贤"、"八达"等等。

魏晋是一个战乱纷起的时代，道教的产生，玄学的盛行，佛教的传入，大大改变了人们的生活习俗，上流社会生活对酿酒业的发展起到了极大促进作用，虽说当政者也下过禁酒令，但是基本上对饮酒者持宽容态度。正是在这种情况下，酿酒技术得到空前发展。

"竹林酣畅"与"酣书神品"

当时的文人雅士都喜好饮酒。魏晋时期，嵇康、阮籍、山涛、向秀、刘伶、王戎、阮咸等七人常聚集在山阳（今河南修武）的竹林之下，肆意酣饮，由此产生了"竹林酣畅"的典故。后来的文人风气受到他们的

◆ 王羲之

极大影响。

晋穆帝永和九年（353年）三月三日，王羲之与谢安、孙绰、李充、许询、支遁等四十一位名士，集会于会稽山的兰亭，曲水流觞，饮酒赋诗。王羲之适逢酒酣，乘兴挥笔书写诗序，完成了意气飞扬、潇洒自如的书法神品——《兰亭集序》。关于此事，《晋书》记载：

会稽有佳山水，名士多居之，未仕时，亦居焉。皆以文义冠世，并筑室东土，与羲之同好，尝与同志宴集于会稽山阴之兰亭，羲之自为之序，以申其志。

酿酒大师刘白堕

魏晋时期，不单出现了好酒，还诞生了著名的酿酒大师——刘白堕。《洛阳伽蓝记·城西法云寺》中记载：

河东人刘白堕善能酿酒，季夏六月，时暑赫羲，以罂贮酒，暴于日中。经一旬，其酒不动，饮之香美而醉，经月不醒。京师朝贵多出郡登藩，远相饷馈，逾于千里。以其远至，号曰鹤觞，亦曰骑驴酒。永熙中，青州刺史毛鸿宾赍酒之藩，路逢盗贼，饮之即醉，皆被擒。时人语曰："不畏张弓拔

◆ 《兰亭集序》 （神龙本）

刀，唯畏白堕春醪。"

这段话前一部分称赞刘白堕所酿酒的酒味之美，说这种酒可以随人远行千里而不变质，当时人们给这种白堕春醪送了两个雅号，一是鹤觞，二是骑驴酒。关于这种酒还有一段传奇：

晋惠帝永熙年间，青州刺史毛鸿宾带着这种骑驴酒上任。一天晚上遇上了一伙强盗，抢劫财物后又痛饮了毛刺史所带的酒，饮后皆烂醉，束手就擒。当时的游侠们对此酒的评价是"不畏张弓拔刀，惟畏白堕春醪"。

由此可见当时酿酒技术的进步，不但口感好，而且酒精度数高。

魏晋名酒

魏晋南北朝时，黄河两岸，大江南北，不同地区所酿制的各种名酒纷纷涌现，仅北魏贾思勰在《齐民要术》中就介绍了40余种宫廷御酒。其中对"梁米酒"的记述非常详尽。

梁米酒是用高粱加曲以三酘法酿成的浓香型酒。据《齐民要术》介绍，酿这种酒虽"凡梁米皆得用"，但以"赤梁白梁佳"，即以红高粱米或白高粱米为最好。此酒无论"春秋冬夏皆得作"，用三酘法酿成，就是将酿酒用的高粱米分成三份，先把头一份煮成粥，加曲后在瓮中封泥后酿造。待曲发酵后，开瓮；再把第二份煮好的高粱米粥投进，等待第二次发酵完毕；最后将第三份米粥投入瓮中，用泥再封好瓮口，酝酿十日后便成酒。酒成后，凡用红高粱酿的酒，液呈赤红色，用白高粱者酒液呈乳白色。这种梁米酒酿熟后，"芬芳酷烈"，风味独特。饮用时但觉"姜辛桂辣，蜜甜胆苦，悉在其中"，五味俱全，堪称美酒。

用高粱酿酒，古已有之，少康初作之酒即为秫酒。秫是高粱的一种，也称为秫秫，但是用三酘法酿成的梁米酒却是自此而始。

延伸阅读

桑落酒

桑落酒因在桑叶凋落时酿熟而得名。《水经注·河水》记载：民有姓刘名白堕者，宿擅工酿。采挹河流，酿成芳酎，悬食同枯枝之年，排于桑落之辰，故酒得其名矣。

《齐民要术》介绍桑落酒酿制法：曲末一斗，熟米二斗，其米令精细掏净，水清为度。用熟水一斗，限三酘便止。

这种选料、用水、酿造皆精的名酒，自两晋后历代不衰。

唐代酒业

唐代经济文化高度繁荣，唐诗中关于酒的篇章不可胜数，唐朝的名酒更胜于前朝，很多诗人都喜豪饮。

盛唐美酒甲天下，由于国家统一，农业得到良好发展，经济繁荣，为酿酒业的发展提供了雄厚的物质基础。

唐朝初年，虽然经过了隋末战乱，社会生产处于恢复期，但是政府却并没有施行禁酒政策。唐朝前期政治稳定，经济恢复得很快，特别是唐朝政府明令"天下置肆以酤者，斗钱百五十，免其徭役"后的几百年间，鼓励民间酿酒的制度基本上沿袭了下来，酿酒业及相关行业因此获得了很大发

◆ 唐朝酒坊图

展，各地出现了众多酒店。后来，由于缺粮或遇灾荒，政府在局部地区进行了几次禁酒，不许个人卖酒，官府却开店售酒。

酒肆的发展

大量文献资料表明，唐代各阶层的人均有饮酒的嗜好，并以聚众欢宴为特色。例如"琼林宴"、"避暑会"、"暖寒会"之类。尤其是丰收之后，全天下的人都饮酒庆贺，形成"谁家无春酒，何处无春鸟"的亮丽风景。

唐代酒店多，所以人们很容易进店饮酒。《开元遗事》记载：

自昭应县（陕西临潼）至都门，官道左右村店之门，当大路市酒，量酒多少饮之，亦有施者，与行人解乏，故路人号为歇马杯。

《旧唐书》记载：

东至宋汴，西至岐州，夹路列店肆待客，酒馔丰溢，南诸荆襄，北至太原范阳，西至蜀川、凉府，皆有店肆，以供商旅。

这些文字说明了唐代酒店业的兴盛。

当时，唐都长安的酒店早已突破城中

◆ 唐代酒肆

两市的范围，渐渐遍布大街小巷以及郊外。春江门到曲江一带，是文人和贵族的游兴之地，沿途的酒家更是密集，杜甫在其诗《曲江二首》中写道：

朝回日日典春衣，每日江头尽醉归。

由此可见当时酿酒业之兴盛。在一些繁华的聚居区，还出现了豪华的酒楼。当时长安的酒楼，高者可达百尺，其间酒旗高扬，丝竹之声萦耳。

唐代名酒

唐代名酒不少，其中著名的酒有：兰陵酒、新丰酒和剑南春酒等。据李肇在《唐国史补》中记载，仅唐长庆以前就流行着14种名酒。史载：

酒则有郢州之富水，乌程之若下，荥阳之土窟春，富平之石冻春，剑南之烧春，河北之乾和葡萄，岭南之灵溪、博罗，宜城之九酝，浔阳之湓水，京城之西市腔，蛤蟆

陵之郎官清、阿婆清。又有三勒浆类酒，法出波斯，三勒者谓庵靡勒、毗梨勒、诃梨勒。

李白饮过兰陵酒后，在其诗歌《客中行》中对它大加赞赏，诗云：

兰陵美酒郁金香，玉碗盛来琥珀光。

但使主人能醉客，不知何处是他乡。

诗歌文化的繁荣，使以酒为令的习俗推广开来，美酒与名诗珠联璧合，相映生辉，使酒的文化内涵更加丰富多彩。与此同时，在诗的辉映下，酿酒、饮酒更加活跃，于是美酒滥觞，各类佳酿竞相争芳，使盛唐的名酒，有美酒甲天下之盛誉。

延伸阅读

兰陵之水变美酒

在山东兰陵的一个村子里，有个少年叫王成，他从小和爷爷一起生活。一日，爷爷得了腿疼病，没法干活，王成就每天伺候爷爷吃喝。一天夜里，爷爷把王成叫醒说："我刚才做了个梦，梦见自己在喝酒。"王成心想：爷爷是馋酒了，兰陵是出酒的地方，自己要弄点酒给爷爷喝。天明之后，他找了两个罐子，就直奔兰陵去了。

王成在酒坊干了一天活，老板给了他一罐酒。他想让爷爷高兴一下，在回家的路上，就在水湾边给另一个空罐子装上水当酒。爷爷一见两罐酒，果真很高兴。数天过去了，一天晚上，王成从外面回来，爷爷一见他，就生气地问："第二罐的好酒是哪里来的？是不是偷来的？"王成想，那只是水而已，还用得着偷吗？他不想再欺骗爷爷，就把实情告诉了爷爷。从此，"兰陵之水变美酒"的故事就传开了，兰陵周围村庄的男女老少都提着罐子，从四面八方涌来取水。

两宋酒业

到了宋代，酿酒技术经过上千年的发展，得到更大提高，已经形成了传统的酿造理论，还产生了对后世酿酒有重要影响的专著。

宋代，朝廷重视对酒务的管理，开始制定相关制度和政策，其中很多源自于唐代。

宋代的酒业政策

宋代统治者为充实国库，增加税款，提出了"设法劝饮，以敛民财"的政策，使得民众纵酒畅饮，城乡酒肆林立，酒楼夜市通宵达旦，人人畅饮不息。北宋除了福建路、两广路、费州路征收酒税外，其他地方都允许民间酿酒并出售。当时，酿酒的酒曲由官府的都曲院制造，酒户只有购买了官曲才能酿酒。京都和其他各州都有官办卖酒的机构，它们既是酿酒的作坊，又直接卖酒。后来，宋朝还实行了酒税承包制度：一个人买下某一地区的酒税以后，就可以独占这里的酒利，其他的小酒店就成为它的附庸。宋仁宗在天圣五年（1027年）曾针对酒税下过一道诏书：

自矾楼酒店如有情愿买扑出办课利，令在京脚店小户内拨三千户，每日于本店取酒沽卖。

由此可知，当时北宋的都城开封已经出现了酒税承包的情况。

南宋时期，除继承北宋的酒业管理制度外，还创立了户部管理的赌军酒库。绍兴十年（1140年），赌军酒库已有十多处，赌军酒库虽为户部主办，但主要由军队掌管，临安府的酒库由殿前司经营，其他地方的则由所在驻军掌管。仅仅十年之后，殿前司就有

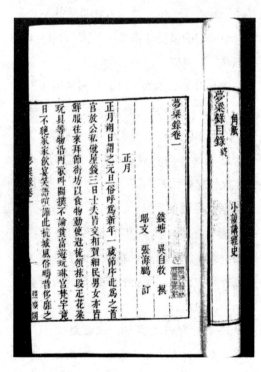

◆《梦粱录》书影。此书对宋代酒业的发展做了翔实的记录。

◆ 南宋时期临水阁祝酒的图卷

近七十处酒坊，其下设的分点更是无数。此外，各地的大户及达官贵人也私自酿酒，并且私设酒坊和分点，与朝廷在酒业上争利。临安附近的一些城市，私人酒坊最多，如绍兴都指挥使杨存中，就在湖州、秀州、临安等地开设了多家私人酒坊。

饮酒风气

宋代政府对酒业的鼓励，以及酒业对政府财政的重大影响，极大地促进了酒类的生产和技术革新。这种发展在北宋的首都汴京和南宋的临安表现得最为明显。

◆ 南宋酒器

宋人孟元老所著的《东京梦华录》、吴自牧的《梦粱录》、周密的《武林纪事》等书，都对宋代酒业发展做了详细记载。《清明上河图》展示了宋代民众当街沽酒、酒肆饮酒、瓦肆听唱饮酒等热闹画面。

苏轼在《书东皋子后传》中说：

予饮酒终日，不过五合。天下之不能饮，无在予者……闲居未尝一日无客，客至未尝不置酒。天下之好饮，亦无在予者。

他"俯仰各自得，得酒诗自成"，激荡奔放的浩然文气在酒的作用下从肺腑之中抒发出来。

宋朝名酒甚多，典籍中记载的宫廷名酒有：蒲中酒、苏合香酒、鹿头酒、蔷薇露酒、流香酒和长春法酒。两宋京城的名酒更是多不可数，其中包括香泉酒、天醇酒、兰芷酒、玉沥酒、琼浆酒、玉液酒、流霞酒、清风酒、玉髓酒等等。

延伸阅读

东台陈皮酒

宋朝天圣元年（1023年），范仲淹在东台西溪任盐仓监官。时值范母体弱多病，又厌服汤药。侍母至孝的范公一筹莫展，忧心忡忡。为寻治病良方，他八方求医。一日，当地一位名医给范公一良方：用糯米配以中药，制成药酒饮用，可治老太太的病。范母饮用甚见奇效。

天圣二年（1024年）冬，雨雪连续下了十几天，东台当地预修河堤，民夫多病不起，范公也令人配制此酒给民夫服用，民夫饮用不久均病愈。由于这种酒酿制后用瓮贮藏，取名"陈醅酒"，因谐音且含陈皮，又称之为"陈皮酒"，从此流传民间。

元朝酒业

安得酒船三万斛，棹歌长久白鸥群。这句诗真切地展现出了元代人的尚饮之风。元代饮酒群体庞大，上至宫廷贵族、文人士大夫，下到平民百姓、贩夫走卒都喜饮酒。这种风气的形成，与元代酒业的发展有密切的关系。

元朝人尚饮之风炽烈，首推宫廷最盛。元朝的皇帝如太宗、定宗、世祖、成宗、武宗、仁宗、顺帝等人，都嗜酒如命。

在这些喜饮的皇帝中，元太宗窝阔台最甚，《元史》中写道："帝素嗜酒，日与大臣酣饮"。大臣耶律楚材屡谏不听，于是他就拿着酒槽的铁口，当面上奏："麴蘖能腐物，铁尚如此，况五脏乎？"经过耶律楚

◆ 对酒图

材这次劝谏后，窝阔台开始反省自己："奉父汗之命坐在大位上，朕承担着统治百姓的重任，但朕却沉湎于酒，这是朕的过错，是朕的第一件过错。"之后，他的嗜酒习惯才有所改变。

饮酒风气

元代的文人和士大夫也大都喜欢宴饮。当时大都城外有一宴游的好地方，平章政事廉希宪曾在此设筵，邀请名士卢挚、赵孟頫等人共饮，歌伎手折荷花，唱元好问的《骤雨打新荷》曲助兴。

元代曾一度停科举，许多文人入仕无门，就饮酒自娱，以舒缓郁郁之情。另外，元代的道士、和尚都可以饮酒，不少寺观也酿酒、售酒。苏州东禅寺僧文友，喜与士大夫交往，有来访者，他就设酒款待。东禅寺还有一位南渡僧林酒仙，"居院不事重修梵呗，惟酒是嗜。"元代的文献中还写到太华山云台宫的道人饮酒的状况：

日食数龠，饮酒未醺而止，不尽醉也。人家得名酒争携饷之，至则沉罂泉中，时依林坐石，引瓢独酌。

元代民间酿酒、饮酒、用酒之风盛行。很多家庭掌握了简单的酿酒技术，民间普遍存在自酿酒的小作坊。另外，婚丧嫁娶，迎来送往，一日三餐都缺不了酒。

元代酒类

元代尚饮的风气推动了酒业的发展，全国各地的名酒佳酿很多，酒的品种比前代要丰富。当时，出现了粮食制作的烧酒、葡萄酒、黄酒、马奶酒、果酒、小黄米酒、阿剌吉酒、速儿麻酒及各种配制酒。元代的烧酒非常出名，相当于现代的蒸馏白酒，明代医学家李时珍在《本草纲目》中写道：

烧酒非古法也，自元时始创。其法用浓酒和糟，蒸令汽上，用器承取滴露，凡酸坏之酒，皆可蒸。

◆ 蒙古人饮酒图

真正获得发展。

元代，蒙古特色的马奶酒很盛行，葡萄酒也达到了极盛时期。成吉思汗建国后，畏兀儿部族首先归附。畏兀儿当时生活在以哈剌火州（今新疆吐鲁番）和别失八里（今新疆吉木萨尔）为中心的地区，这两地盛产葡萄酒。因此，在蒙古宫廷中就有了来自这两地的葡萄酒。

◆ 元代宫廷酒宴图

在元代的《饮膳正要》等文献中，有不少蒸馏酒及蒸馏器的记载。经过专家的考证，唐代已经初创了蒸馏酒制作法，宋代已有了蒸馏酒，但是在元代的时候，蒸馏酒才

延伸阅读

杨世昌蜜酒

杨世昌是北宋时期绵竹武都山的一位道士，他和大文学家苏轼有一段关于蜜酒的趣闻。北宋元丰三年（1080年），苏轼因乌台诗案被贬黄州（湖北黄冈）。两年之后，杨世昌去黄州看望苏轼，苏轼邀请他同游赤壁，两人饮酒赋诗，意兴飞扬。后来，杨世昌就将蜜酒的酿造法写出来送给苏轼。苏轼十分高兴，回赠给他《蜜酒歌》，并在诗前小序中写道："西蜀道人杨世昌善作蜜酒，绝醇酽。余既得其方，作此歌以遗之。"苏轼还在这篇文章中，赞美了蜜酒的香醇。

明代酒业

明代，酒的酿造和蒸馏技术得到提高，出现了以黄酒和烧酒为原料的配制酒和滋补酒。酒的种类相比元代有所增加，出现了青稞酒，而且果酒也不仅仅是葡萄酒，还出现了枣酒、桑葚酒、荔枝酒等。

明清时期，黄酒和烧酒中最具代表性的是绍兴酒和山西汾酒。宋代时绍兴的酒业就很发达，出产竹叶青等名酒。明代时绍兴的酒业继续兴隆，所产酒品远销京师。明代文学家袁宏道初至绍兴就写道：

闻说山阴县，今来始一过。船方尖屦小，士比鲫鱼多。聚集山如市，交光水似罗。家家开酒店，老少唱吴歌。

这些诗句生动地描述了当时绍兴酒业兴旺的景象。

饮酒风气

明代既不征收酒税，又没有饮酒的禁令，民间都以酒为日常生活必需品，就像早饭晚饭一样不可或缺。

明代各级文武官员多狎妓饮宴。虽有禁却难以坚持，到正德年间便"大纵矣"，

◆ 明朝南京的酒肆和商业街

狎妓饮宴已成为当时官僚们的时尚。上行下效，巨商豪富以及文人、市民也皆如此。《金瓶梅词话》、《醒世姻缘传》和"三言二拍"中关于这类事的描述颇多。

酒令自唐代出现后，经过五代宋元的不断丰富、发展，到明代已呈现出绚丽多彩的局面，名目繁多的酒令和行令方式盛行于各种类型的酒宴上。与此同时，总结推广这类文化知识的书籍也纷纷出现，如《安雅堂酒令》、《觞政》、《醉乡律令》、《文字饮》、《嘉宾心令》、《狂夫酒语》和《酒家佣》等等。袁宏道在《觞政》一书中分十六部分，详细地介绍了行酒、劝酒、斗酒、祭酒圣、罚酒和酒席上所具备的各种助兴器物等具体内容。其他书籍也各有侧重地介绍了酒宴知识。这些书籍的出现和流传，无疑对明代的饮酒风尚起到了推波助澜的作用。

酒业发展

明代酿酒作坊和烧锅作坊遍及城乡，除专业经营的外，农村的田家也多在丰年酿酒以供自家饮用。甚至有些做其他买卖的小本生意人也以造酒为辅助盈利手段。从文献记载上看，明代酒类品种明显多于前几代。李时珍《本草纲目》、高谦《遵生八笺》、宋应星《天工开物》、射肇渐《五杂俎》等书和一些地方志中都记录了大量的明代酒。另外，明代小说、传奇、诗歌中也有一些明代酒的资料。从这些文献中我们可以知道明代的酒类至少有五十多种，如金华酒、砸麻酒、麻姑酒、秋露白、饼子酒、景芝高烧、愈疟酒、逡巡酒、五加皮酒、白杨皮酒、当归酒、枸杞酒、桑葚酒、姜酒、茴香酒、金盆露水、薏苡仁酒、天门冬酒、古井贡酒、绿豆酒、茵陈酒、青蒿酒、术酒、百部酒、仙茆酒、松液酒、竹叶酒、槐枝酒、红曲酒、神曲酒、花蛇酒、紫酒、豆淋酒、霹雳酒、虎骨酒、戊戌酒、羊羔酒、葡萄酒、桃源酒、香雪酒、碧香酒、建昌红酒、五香烧酒、山药酒、三白酒、闽中酒、梨酒、枣酒、马奶酒、红灰酒、双料茉莉花酒、葛蜀欠酒、莲花白、德州罗酒、窝儿酒等。

第一讲 酒的历史——千载文明飘酒香

19

清代酒业

清代酒的种类空前发展，蒸馏白酒的品种更加丰富。清代末期，啤酒、露酒、金酒、雪梨烧酒、花香酒等浸制酒也大行其道。

清代是我国酒类品种空前齐备的时代，传统的酿酒术在继承中得到发展，蒸馏白酒的品种更加丰富。此外，清末时，啤酒已在我国酿制，各种名酒在大江南北纷纷涌现。

酒类品种的鼎盛

明清时期，酒类中还出现了青稞酒和

◆ 驰名天下的绍兴黄酒

其他果酒。据史料记载，明末清初时青稞酒已在西北地区广泛流行。当时只酿一天的青稞酒是日酒，日酒又名甘露旋；酿一月的是月酒，月酒名叫甘露凉；酿一年的是年酒，年酒名叫甘露黄。西北人十分喜欢喝青稞酒，当地流传着"驮酒千里一路香，开坛十里游人醉"的谚语。果酒中的枣酒，多出于北方产枣的地方，清人的《农圃便览》，对酿制枣酒做了详细记载。桑葚酒和荔枝酒则多产于南方，南方人喜欢喝这一类果酒。

绍兴酒天下驰名，大致分为状元红、加饭、善酿三种。汾酒在南北朝时期已经出现，因为酒色清澈，口感纯正，当时的名字叫汾清酒。

露酒、金酒、雪梨烧酒、错认水、花香酒等浸制酒都是明清时期的特色酒。露酒中的玫瑰露和五加皮最具特色，玫瑰露酒香甜如蜜，芳香四溢，具有养颜美容、活血理气、平肝养胃的保健功效，明清两代都是御用酒中的珍品。五加皮酒色泽好，香如惠兰，澄清度高，也是露酒中的名品。金酒是用红花、红曲和冰糖浸在烧酒中制成的，其

◆ 状元红

四、五金，但多相互赠送而不卖。沧州城里的戴、吕、刘、王等大姓人家酿的酒最为难得，他们"相戒不以其酒应官。虽笞捶不肯出，十倍其价亦不肯出"。当时的沧州知府董思任曾想尽办法劝谕，但酿此酒的大姓"不肯破禁约"，最终也没喝上这种名酒。后来，他罢官再到沧州时，住在李进士的家里，终于以客人的身份喝到了他家珍藏的沧州酒。对此，这位前任州官感慨万分地说道："吾深悔不早罢官。"由此可见沧州酒的珍美与难得。

味道醇厚，在北方很受欢迎。雪梨烧酒是用大雪梨或者橘子在烧酒里浸制而成；错认水是用冰糖和荸荠在烧酒里浸制而成，这两种酒中都加入了清凉的物质，口味比较清淡，很符合南方人的口味。花香酒的种类很多，它们大多是以花的名字来命名的，如桂花酒、兰花酒、蜡梅酒等。明清酿这类酒的时候，要么把这些花悬挂在酒坛里，要么直接把花放在酒里或者发酵的米饭中，这样酿造出来的酒就带有浓郁的花香。

沧州酒

清代还有一种名酒叫沧州酒，天下闻名，极难酿成。纪昀在《阅微草堂笔记》中详细介绍了这种酒：

其酒非市井所能酿。必旧家世族，代相传授，始能得其水火之节候。

酿这种酒的水取于河北南川楼下卫河的清泉水，酒酿成后要放置十年以上才算上品，一罂（一种腹大口小的容器）沧州酒值

延伸阅读

状元红的传说

从前，绍兴有一个姓赵的酿酒商去京城经商，在那里遇到了一个年轻貌美的姑娘，于是他就想把这个姑娘带回家去给儿子做媳妇。姑娘被接到赵家后，才知道丈夫春宝是个两岁的小孩子，但她最终还是留在了赵家。春宝长大成人后，进京赶考中了新科状元，皇上赐他和公主成亲。春宝回家之后，老父亲要他信守承诺，与这位守约的姑娘成亲。他想回京城去，又担心父亲恼怒之下寻短见，而自己若在家成亲，皇上必然要怪罪他。春宝郁郁几天之后，口吐鲜血而亡。春宝死后，赵家在花园里修了一座状元坟。第二年春天，他的坟前长出很多牡丹，花大如盘，初开之时为深红紫色，后来就变成了朱红色，其未婚妻用这种花酿酒，人们称它"状元红"。

第一讲　酒的历史——千载文明飘酒香

第二讲

酒器探源——美酒入觥凝乐章

五光十色的酒器

酒器的出现时间与酒的出现时间大致相同，在距今约六千年前后的新石器时代便已出现。

火的发现与利用，改变了人类生存的方式，是人类改造和征服自然的新起点，使人们结束了茹毛饮血的生活方式。农业的兴起使人们不仅有了赖以生存的粮食，还可以用谷物等作原料来酿酒。

食器酒器混用时期

人们发明陶器后，把它作为汲水、饮食的器具，究竟最早的专门性酒器起源于何时，还很难定论。远古时期的酒，是未经过滤的酒，呈糊状或半流质，这种酒不适于饮用，而是食用，故使用的酒具应是一般的食具，如碗、钵等大口器皿。远古时代的酒器主要有陶器、角器、竹木制品等。

专门性酒器的出现

我们的先人发明了制陶术，经过了一个漫长的自然物与陶器共用的时期。大约在原始社会后期，青铜冶炼技术出现。至商周时代，青铜器进入鼎盛期。各种造型奇特、用途不同的器具应运而生，并向专业化方向发展，在上流社会中出现了专门用来饮酒的器具，如爵、觥、觯、角、瓠、盂、斗等。这些酒具有的造型奇特，体态生动；有的纹饰精美，模拟鸟兽逼真；有的色彩艳丽，花

样繁多。另外还有调和酒浓度大小的专门酒具。

商周以后，青铜酒器逐渐衰落，秦汉之际，在中国的南方，漆制酒具流行起来，漆器成为两汉、魏晋时期的主要器具类型。

◆ 二里头出土的酒器

◆ 商代青铜酒器

漆制酒具其形制基本上继承了青铜酒器的形制，有盛酒器具、饮酒器具。饮酒器具中，常见的是漆制耳杯。汉代，人们饮酒时一般是席地而坐，饮酒器具也置于地上，故酒具形体较矮胖。而到了魏晋时期，由于开始流行坐床，酒具变得较为瘦长。

瓷器大致出现于东汉前后，瓷器虽然与陶器一样，都是用高岭土等烧制成的器物，但它与陶相比有着质的差异。它的质地不仅坚硬清脆，而且细密光亮。

唐代的酒杯比前代的要小得多，故有人认为唐代出现了蒸馏酒。唐代出现了桌子，也出现了一些适于在桌上使用的酒具，如注子，唐人称之为"偏提"，其形状类似今日之酒壶，既能盛酒，又能注酒于酒杯中。宋代是陶瓷生产的鼎盛时期，有不少精美的酒器出现。宋代人喜欢将黄酒温热后饮用，故发明了注子和注碗的配套组合，使用时，将盛有酒的注子置于注碗中，往碗中注入热水，可以温酒。瓷制酒器一直沿用至今。明代的瓷制酒器以香花、斗彩、祭红釉酒器最有特色，清代瓷制酒器有特色的有珐琅彩、素三彩、香花瓷及各种仿古瓷。

我国历史上还有一些贵重材质的酒器，虽然并未普及，但具有很高的欣赏价值，如金、象牙、玉石、景泰蓝等材料制成的夜光杯、倒流壶、鸳鸯转香壶、九龙公道杯等。

◆ 西周青铜酒器——父乙铜角

延伸阅读

景泰蓝酒器

景泰蓝是我国著名的特种工艺品之一。明代宣德年间创制出景泰蓝酒器，它是用红铜做胎，在铜胎上用铜丝粘上各种图案，然后在铜丝粘成的各种形式的小格子内填上色彩，经过炼焊、打磨等工序，最后入窑烧制而成的色彩明丽的精美酒器。

造型讲究的陶酒器

华夏先人自从发明了制陶术，陶制酒器便应运而生了，陶器是最早出现的酒器，是人类智慧的结晶，是人们在实践中对物质不断观察、对自然规律不断发现和运用的结果。

陶器是最早的酒器，从新石器时代、夏代一直流行到商代，商代后期退居次要位置，但始终未绝迹。新石器时代，陶酒器已打上阶级的烙印，成为不同阶级、不同身份的象征。那个时期，有酒器的大都是富有的权贵阶层，在这些人的墓中，往往有随葬酒器。在浙江余杭的良渚文化大墓中，均葬有精美的陶质酒器，这些陶制品即使在今天看来仍不失为珍贵的工艺品。

陶酒器的文化影响

考古发现，最早的陶酒器出现在大汶口时期，距今已有六七千年。

陶酒器是陶土烧制的酒器，以鬶、盉、杯、壶、拙、爵为代表。陶鬶，流行于五千多年前的新石器时代至夏商之际。高柄陶杯，从五千多年前流行到夏代早期。陶盉从五千多年前流行到商代晚期。陶爵主要流行于夏、商时期。此外，新石器时代较常见的陶酒器还有尊、基、壶、瓶等。

陶酒器的大量出现，影响了中国数千年文化的发展，同时也造就出独树一帜的华夏酒器文化。陶酒器自问世就与艺术完美结合，无论是用料、造型，还是装饰、美工，都非常讲究。早在新石器时代，就有了肖形酒器，如鹰形陶尊、猪形陶尊、狗形陶盉、人形陶瓶、鱼形陶壶、鸟形陶壶等，形象逼真，栩栩如生。

据文献记载，商代有个孤竹国，其都城在今河北卢龙县一带。商代末年，孤竹君的两个儿子伯夷、叔齐互相谦让王位，双双辞别家乡投奔周文王。后来因劝阻武王伐纣未遂，兄弟二人隐入首阳山中。在辽宁喀左县北洞村出土的商代晚期铜罍上，铭文赫然

◆ 彩陶人首瓶（仰韶文化）

◆ 彩绘带盖假圈足陶罐（夏家店文化）

是"孤竹"二字，证明商代确有孤竹国。

陶酒器不仅镌刻着中华民族的辉煌历史，也体现了华夏酒文化的源远流长。自华夏祖先创陶至今，陶酒器出土的数量之多，酒器类型之丰富，制作工艺之精湛，酒器文化内涵之深远，在全世界都是独一无二的。世界认识中国从陶器开始，中国走向世界也是从陶器开始。

考古发现的陶酒器

1953年发现于陕西西安市半坡村的鹳鱼石斧图彩陶缸，是仰韶文化的代表酒器，以卷唇盆和圆底的盆、钵及小口细颈大腹壶、直口鼓腹尖底瓶为典型器物，造型比较简约。

出土于山东省胶州市三里河遗址的黑陶罍是山东龙山文化的代表，其里外皆黑，器腹皆经抛光，亮可照人，俗称"黑又亮"陶器。这件黑陶器制作精致，造型优美，是黄河下游龙山文化中的精品。

陕西宝鸡北首岭遗址的水鸟啄鱼蒜头壶，称得上是陶酒器中的佼佼者。该壶口呈

花苞状，并绘有黑彩花瓣图案。在肩腹部用黑彩绘一组寓意深刻的水鸟啄鱼图，构图线条简练，形态逼真。一只水鸟用嘴紧叼一条大鱼尾巴，大鱼身体扭曲，昂首张望，呈负痛难忍、欲逃不得之痛苦状，此陶酒器堪称华夏酒器中的精品。

距陕西西凤酒厂仅几十里的眉县杨家村出土的一组古朴的陶酒器，是新石器时代仰韶文化早期偏晚的遗物，是中国目前最古老的酒器，包含五只小酒杯、四只高脚杯及一只酒葫芦。据考古专家鉴定确认，这批古陶酒器至少有六千年的历史，堪称中华酒文化的瑰宝。

延伸阅读

陶器

陶器是指以黏土为胎，经过手捏、轮制、模塑等方法加工成型后，在800—1000℃高温下焙烧而成的物品，坯体不透明，有微孔，具有吸水性，叩之声音不清。陶器可分为细陶和粗陶，白色或彩色，无釉或有釉，品种有灰陶、红陶、白陶、彩陶和黑陶等，具有浓厚的生活气息和独特的艺术风格。中国早在商代，就已出现釉陶和初具瓷器性质的硬陶。陶器的表现内容多种多样，动物、楼阁以及日常生活用器无不涉及。陶器的发明是人类文明的重要进程——是人类第一次利用天然物，按照自己的意志创造出来的一种崭新的器物。从河北省阳原县泥河湾地区发现的旧石器时代晚期的陶片来看，中国陶器的产生距今已有11700多年的历史。

肃穆庄重的青铜酒器

进入奴隶社会后，社会生产水平有所提高，酿酒技术也逐渐趋于成熟，随着青铜文化的发达，青铜酒器应运而生。这一时期的青铜酒器数量多、品种全、纹饰美，大多被奴隶主作为祭祀和宴饮时使用的礼器。

夏商周时期，青铜器十分盛行，青铜酒器在饮食器具中占有重要地位。当时的酒器主要有：斝、角、爵、觚、觯、觥、尊、彝、卣、壶等，它们的造型和用途都有一些差别。

斝

斝为饮酒器，《礼记·礼器》云：

尊者献以爵，卑者献以散。

文中的散就是斝，斝为圆口、口上有二柱、边沿加厚、钉帽状柱、束腰鼓腹圆底，一般的腰饰为乳钉纹和弦纹，腹饰五个鼓面纹，它是身份卑下者所用的酒器。

角

角为饮酒器，《礼记·礼器》云：

宗庙之祭，尊者举觯，卑者举角。

◆ 青铜酒爵

它为凹弧形敞口，两端尖锐上翘，器身长而扁，三棱形足，外鼓假腹上有圆孔，腹部饰有弦纹、乳钉纹，斜置的管形流上有三曲尺形饰。角是当时有社会地位的人所用的器具，华贵的角也是显现他们身份地位的一种象征。

爵

爵为饮酒器具，整个器具的形状颇似雀之曳尾翘立。其通常形制为口颈浑一、口侈而狭长，前为倒酒的流槽，后为较细长的尾，在流折处有二短柱，柱顶圆帽。中间为杯，腹侧有鋬，下有三足。《说文解字》中记载：

爵，礼器也，像爵之形……所以饮器像爵者，取其鸣节节足足也。

觯

觯一般较为华美，为尊贵者所用。《礼记·礼器》云：

尊者举觯。

它的形状大多为椭圆体，也有圆体的，侈口、束颈、深腹、圈足，大多有盖。

觥

觥为饮酒器具，它作为酒具出现比较

◆ 青铜亚共尊

早，《诗经·周南·卷耳》中就曾提到了它：

我姑酌彼兕觥。

觥的形状大多仿兽类造型，如虎牛羊等，其中以兕牛最具代表性，故称兕觥。它的器体上饰有兽面纹、龙纹、虎纹、雷纹等图案，盖上大多有铭文。

尊、彝

尊一般是作为储酒器使用的，造型比较多，但大体可分为三类：有肩大口尊，觚形尊和鸟兽尊。

彝，在青铜器铭文中常作为青铜礼器的统称，常与"尊"连称为"尊彝"。它的形状为方口、方盖、方腹、方圆足，带有扉棱，盖有四面坡的屋顶。

卣

卣是一种储酒器，专用于盛放祭祀时使用的香酒，它的形状通常是椭圆口，深腹，圈足，有盖和提梁，腹部圆或椭圆，也有方形，也有做成怪兽食人状的。卣的体积比尊小，并有提梁。

壶

壶是用来调酒的器具，即用水或其他液体来调和酒浓淡的酒具。壶为袋足，流在顶上，圈足，部分还有提梁。壶作为酒器出现比较早，《诗经·大雅·韩奕》中写道：

显父饯之，清酒百壶。

《孟子·梁惠王下》中也提到了壶：

箪食壶浆，以迎王师。

一般的壶是小口、大腹，有的有提梁，有盖或无盖。

在我国古代有"无酒不成礼"之说，酒是祭神享祖、礼仪交往等活动的必备之物，盛酒的青铜器也自然成为礼器。从夏朝的青铜器来看，大多为小件的工具和兵器，酒器之中只有爵被作为青铜礼器来使用。商代的礼器酒具则出现了组合，通常是一爵一觚，用以斟饮。尊、卣、方彝、瓿、罍、壶等储酒器则作为套礼器，被用作奴隶主的陪葬品。周朝建立后，统治者对国政进行了一系列改革，从政治经济到文化艺术，都有整套典章制度。在这些制度中，以法令的形式明确了君臣、父子、贵贱、尊卑的等级。酒器的使用种类和数量的多少，因等级不同而各有区别。

延伸阅读

"盉"与"罍"

盉是一种盛酒器和盛水器，主要用途是盛水以调酒。这种器形出现在商代早期，盛行于商晚期至西周。有字铭的盉出现于西周。罍是一种盛酒或盛水的大容器，这种器形见于商代晚期，数量并不多，流行至春秋中期。因为这两件青铜器的主人名克，所以也被称作"克盉"与"克罍"。

气质典雅的漆酒器

战国时期，青铜酒器逐渐衰落。到秦汉之际，在我国的很多地方，漆制酒具开始流行，后来漆酒器成为两汉魏晋时期的主要酒具类型。唐宋时期制作漆酒器的工艺不断提高，而且有所创新，青铜酒器渐渐淡出了人们的视线。

漆器是用漆树割取的生漆为涂料，涂在各种器物的表面上所制成的日常器具。它有耐潮、耐高温、耐腐蚀等特点，而且可以配制出不同颜色的漆，这就使酒器光彩照人。

魏晋漆酒器

魏晋南北朝时期的漆器工艺，基本上继承了战国时期的风格，但有新的发展，生产规模更大，产地分布更广，而且出现了大型器物，如直径近一米，高半米的钟等。同时，制造者巧妙地把若干小件组装成一器，如盒内装反扣的耳杯。这时新兴的技法中，有用针划填金，用稠厚物质堆写成花纹的堆漆等。一些器具的器顶还镶嵌金、玛瑙或琉璃珠做装饰，器口和器身上则镶嵌金、银扣及箍，或者用金或银箔嵌贴镂刻的人物、神怪、鸟兽形象，并以彩绘的云气、山石等作衬托。一些漆酒器上还模仿以前的形式，在上面刻铭文和书法作品。魏晋南北朝期间，流行坐床，漆酒器已经从汉朝的矮肥变为瘦长。这个时候，漆器只作为日常使用的器具，在丧葬中很少作为陪葬品。

唐宋漆酒器

唐代，漆器的制作工艺达到了空前的水平，这时候出现了用贝壳裁切成薄片，上施线雕，在漆面上镶嵌成纹的螺钿酒器；用稠漆堆塑成型的凸起花纹的堆漆酒器；用金、银花片镶嵌而成的金银平脱酒器。而且在制作漆酒器的时候，工匠们使用镂刻錾凿等工艺，结合漆工艺，使酒器精妙绝伦，成为工艺品。到了宋朝，出现了高度纹饰的漆酒器，元代的漆酒器中则出现了雕漆，其特点是堆漆肥厚，用藏锋的刀法在器具外刻出丰硕圆润的花纹，其风格淳朴厚实，制作精致，在质感上有一种特殊的魅力。但是

◆ 漆耳杯

漆酒器中常用的一种技法，它是用两种以上色漆，互相交错，使之呈现出各种花纹，因状如动植物身上的斑纹而得名。

填漆酒器是先在器具上刻成花鸟，以五彩稠漆堆成花色，然后磨平。点螺漆酒器是用贝壳、夜光螺等为原料，精制成薄如蝉翼的螺片，再把薄螺片放在漆坯上，做成装饰。金银平脱漆酒器是把金银薄片刻制成各种人物、鸟兽、花卉等纹样，用胶粘贴在打磨光滑的漆胎上，待干燥后再经研磨显出金银花纹，使花纹与漆底达到同样平度，再推光制成精美的酒器。螺钿漆酒器是用贝壳薄片制成人物、鸟兽、花草等形象，然后嵌在雕镂或漆在器物上。

这时候的漆酒器已经比较少了，而且性质逐渐转变为艺术品。

漆酒器的风格特点

明清时期，漆器的种类最为丰富，包括堆漆、填漆、一色漆、罩漆、描漆、描金、雕填、螺钿、犀皮、款彩、炝金、百宝嵌、剔红、剔犀等，此时的漆酒器已经很少作为实用器具出现了。

漆酒器和青铜酒器最大的不同就是，它不像青铜器那样具有礼器的含义，只是被作为一类实用器具。也正是这个原因，漆酒器的制作手段更加丰富。描金漆酒器是最为常见的，它是在漆器表面，用金色描绘花纹的装饰方法，而描金在黑漆地上为最常见，其次是朱色地或紫色地。斑漆是两晋南北朝

延伸阅读

何谓"漆酒器"

将漆涂在各种器物的表面所制成的日常器具及工艺品、美术品等，一般称为"漆器"。生漆是从漆树上割取的天然液汁，主要由漆酚、漆酶、树胶质及水分构成。用它作涂料，有耐潮、耐高温、耐腐蚀等特殊功效，又可以配制出不同色漆，光彩照人。在中国，人类从新石器时代起就认识到了漆的性能并用以制器。历经商周直至明清，中国的漆器工艺不断发展，达到了相当高的水平。中国的炝金、描金等工艺品，对日本等地都有深远影响。漆器是中国古代在化学工艺及工艺美术方面的重要发明。

雅俗共赏的瓷酒器

瓷质酒器在所有的酒器中使用时间最长，使用的范围也最广。它色彩绚丽夺目，工艺和造型多样，但是从总体上看，它可以分为两类：一类是做工和图案都很精细，具有文雅趣味和观赏价值的酒器；另一类则是做工比较粗糙，更注重实用价值的民间酒器。

中国瓷器的发明大约在商代，当时瓷器的制作水平比较低，被称为原始青瓷。后来，经过西周、春秋、战国、秦、西汉的发展，到东汉时期，人们已经可以烧出成熟的瓷器。在这一时期，瓷质酒器也开始出现在人们的生活中。到了三国两晋南北朝，南方和北方的瓷器生产得到广泛发展。三国到西晋时，江浙一带出现了南方瓷器，瓷器比较广泛地进入一些贵族家庭，瓷器也成为一种财富和权势的象征。

◆ 牡丹纹瓷酒壶

瓷制酒器的普及

南北朝时期，瓷器生产扩大到长江上游地区以及沿海的福建，这时候，瓷质的酒器逐渐普及。这一时期，北方开始出现青瓷，并且发明了白瓷和敦厚、朴实的釉中挂彩的酱釉、酱褐釉瓷器。隋唐时期，社会空前统一繁荣，国运昌盛，经济、文化、教育都达到封建社会的最高水平。这时，瓷器的生产也达到历史最高水平，各地出现了很多瓷窑。在全国范围内，还形成了"南青北白"的局面。南青是指南方的越窑青瓷和秘色瓷，它们胎体细腻，釉光莹润，唐代诗人曾以"嫩荷含露"、"千峰翠色"、"古镜破胎"来形容它的美。南方除有越窑之外，还有出产青瓷的金华婺州窑、温州地区的瓯窑、安徽淮南的寿州窑、衢州地区的衢州窑和德清窑、湖南湘阴的岳州窑和长沙窑、江西地区的洪州窑、四川的邛窑等。北白指的是以邢窑和曲阳窑为代表的白瓷，此外巩县窑、陕西咸阳窑还生产很有特色的三彩釉陶。

这时候陶瓷也由青瓷和白瓷的单一色调，逐渐变成青瓷、白瓷、黑瓷、花瓷、茶叶末釉瓷、釉下褐、绿、红彩及三彩釉陶等多种形式。瓷器种类的增多和产量的增大，也促使了酒器的普及。

瓷制酒器的兴盛

宋代，由于商品经济的活跃，文化教育的昌盛，有着丰富技术和经验的官窑、民窑在各地兴起，生产出各类瓷器。这些产品不仅仅满足皇室贵族、上层官僚集团的需求，而且满足市民阶层、商人、地主以及庶民百姓的需求。这一时期，瓷酒器已经十分普及了，饮酒、品茶之风在社会上兴起，一些文人和士大夫们开始产生对精美瓷器具的追求，青瓷、白瓷的制作工艺也日臻成熟，工匠们能够在釉中加入不同金属氧化物，烧成不同颜色的单色釉和彩釉瓷器。同样一种釉，工匠还能巧妙控制窑中焰火，烧出色调各异、光彩夺目的瓷器，于是具有文雅艺术气息的瓷器出现。

到了元代，随着陆上、海上贸易交通线的全面开通，海外贸易获得发展，这也促进了制瓷工艺的发展。这时候景德镇逐渐成了全国瓷业中心，而以前的其他窑仍然具有活力，它们创造出许多优良的民用瓷和贸易瓷。景德镇的瓷器出现了卵白釉、青白瓷、白瓷、青花、釉里红、蓝釉、蓝釉描金等新品种。

明清时期，青花瓷获得了空前发展，上层社会和普通百姓都使用这种瓷器。但是两者的意趣不同，上层社会使用的青花瓷酒器做工精致，造型优美，瓷器上通常描绘有

◆ 清代青花瓷酒壶

山水画等优美的图案；而普通百姓所使用的青花瓷酒器在做工上相对比较粗糙，造型朴素，瓷器上的图案也比较简单，多为一些不精细的图案或花纹。

延伸阅读

青花瓷

青花瓷又称白地青花瓷器，它是用含氧化钴的钴矿为原料，在陶瓷坯体上描绘纹饰，再罩上一层透明釉，经高温还原焰一次烧成，是釉下彩的一种。钴料烧成后呈蓝色，具有着色力强、发色鲜艳、烧成率高、呈色稳定的特点。目前发现最早的青花瓷标本是唐代的(也有学者称唐青花并非青花瓷)，成熟的青花瓷器出现在元代，明代青花成为瓷器的主流，清康熙时发展到了顶峰。明清时期，还创烧了青花五彩、孔雀绿釉青花、豆青釉青花、青花红彩、黄地青花、哥釉青花等品种。

豪华的金银酒器

金银酒器在所有的酒器之中最为豪华，是古人身份和地位的象征。它最早出现于商代，在唐宋时期形成一个高峰，元代以后银器逐渐衰落，而金器依然是酒器的一个重要组成部分。

金银酒器是以贵金属黄金和白银为基本原料加工锻造而成，融财富、实用、珍藏、观赏于一体，是富贵、权势的象征。

◆ 清代乾隆时期金瓯永固杯

御用酒器

金质酒器中以金托金爵杯、孝靖金温酒锅和金瓯永固杯最具代表性。

金托金爵杯由金托、金爵组合而成，为打制成型，以錾花工艺进行装饰。托盘为折沿浅腹平底盘，中心立一树墩形柱，三面分别雕出花瓶形，瓶内各插一支嵌珠宝的花卉。爵为短尾长流，流口两侧立二圆柱，三足外撇，深腹，腹一侧附有方形把。爵腹壁刻有浅浮雕的二龙戏珠和海水江崖流云纹。

三足和二柱上还刻有龙首纹，爵把上饰有云雷纹，三足上部及二柱顶端各嵌红宝石一枚。平錾线条流畅潇洒、自然优美。为使錾雕后美观，又镶了一层极薄的金箔内壁，光亮平滑，便于使用。托口及腹内均饰勾连云纹，外壁饰二龙戏珠，底内壁饰浅浮雕龙戏珠及云纹。中心立柱满饰如意云头，插入阳錾宝瓶中的牡丹花枝上除嵌有红、蓝宝石外，还饰以金银锭、珊瑚、犀角等八宝装饰，此外爵底外壁还刻有一周铭文。整个金托金爵的装饰艺术复杂，造型优美华丽。

孝靖金温酒锅是目前最为名贵的一件温酒器具，它由金托盘、锅座及温锅组成。托盘为平底平折沿托，盘中心立一绣墩形锅座承接温锅，盘沿面刻套连云纹，腹壁饰流云、八宝纹，底内壁为沙地，刻云龙纹。座口下折成双层，饰如意纹，其下为覆莲纹。温锅敛口、弧壁、平底、素面。

金瓯永固金杯为清朝皇帝于每年正月初一时，举行元旦开笔仪式时盛屠苏酒的专用酒器。杯子为卵圆形，以两条夔龙为耳，夔龙头各安珍珠一枚；以三个卷鼻象头为足；杯身满錾宝相花，花纹对称，镶嵌以珍珠、红蓝宝石做花心，点翠地。杯口一侧，錾刻阳文篆书"金瓯永固"四字，另一侧钤"乾隆年制"款。此杯使用了黄金、珍珠、宝石等珍贵材料，尺寸虽小，但工艺复杂，纹饰繁缛，而且通体都有光灿晶莹的珠宝，精美绝伦。

◆ 金杯

金银酒器的特点

金在物理性能上有独特的优势，不怕氧化，不易生锈，不溶于酸碱，延伸性能较强，而银在这些方面却大为逊色，加之银的储藏量较金为多，所以远不如金珍贵。金酒器从汉唐到清末，一直是历代皇室宫廷及富商巨贾的专用品，而银酒器既为权贵所享用，同时也飞入寻常百姓家。

在银质酒器中，最具有代表性的是唐代韦洵墓出土的鸿雁折枝花纹银杯。它的器形为敞口，圈足略矮，微束腰，下腹急内收，并且有一周明显的折棱。整个器体除圈足外，皆以珠点为纹，上腹部近口沿处有一周较粗的凸弦纹，此弦纹与下腹之折棱线将整个器腹分为三部分。近口沿处和下腹折棱线以下，皆饰如意云纹；腹中部在地纹之上饰折枝花纹和散杂草纹，折枝花纹之间有精美的展翅欲飞鸿雁图。这个银酒杯有饮酒寄情思之意，因为古谚鸿雁传书，飞雁传情，而且鸿雁一直被人们当作寄寓情思的象征。

金银酒器的制作都很精细，非普通人所能使用，通常是皇家、达官贵人和豪富之家使用，以显示其身份和财富。如金托玉爵和金托金爵杯就是明万历皇帝的御用酒器，金瓯永固金杯是乾隆的御用品，鸿雁折枝花纹银杯是唐中宗韦皇后弟弟的随葬品。

◆ 天宝金瓯永固杯

延伸阅读

唐代金银器"宣徽酒坊"银碗

宣徽酒坊银碗高5.8厘米，口径15厘米，底径7.8厘米，银质。侈口，圈足，碗心刻飞翔的鸿雁，周围饰宝相花朵，并以排列的珠点为地纹，外有联珠纹一圈，腹里壁饰以两方连续图案，纹饰上大下小；腹外壁则为内壁纹饰的反饰。口沿里外均有一圈联珠纹。碗底錾有"宣徽酒坊宇字号"七字。1958年陕西耀县柳林背阴村出土，现藏陕西省博物馆。

晶莹剔透的玉制酒器

玉器最早出现在舜帝时代，在唐宋时期形成一个高潮，玉制酒器也成为酒器中的一个重要组成部分。

玉出现在中国人的生活中已有7000多年的历史。相传，舜帝祀宗庙时，就使用了玉器，这恐怕是中国最早的玉酒器了。商周时期，以新疆玉制成的玉器，逐步主导了中国玉酒器。《周礼》中提到了不少玉酒器，如玉瓒等。现今出土的魏晋南北朝时期的玉酒器，有玉盏、玉耳杯等。

玉酒器的传承

秦汉时期，最有代表性的器具是东汉夔

◆ 玉杯

凤玉卮。卮是一种酒器，据《史记·项羽本纪》记载，在鸿门宴上，项羽赐樊哙酒，用的便是卮。《汉书·高帝纪》中写道：

上奉玉卮为太上皇寿。

东汉应劭在他的著作中写道：

卮，饮酒礼器也。

东汉夔凤玉卮系采用优质的新疆和阗青玉制成，局部有褐色和紫红色浸蚀。卮身呈圆筒形，配圆形隆顶盖，卮身通体以勾连云纹为锦地，锦地上隐起变形的夔凤纹三组。唐代诗人王翰的著名诗句"葡萄美酒夜光杯"，指的就是这种酒杯，工艺精湛的夜光杯因诗得名，流芳后世。直到今天，祁连山下的甘肃酒泉仍然生产夜光杯，并成为河西走廊的品牌纪念品。李白的"兰陵美酒郁金香，玉碗盛来琥珀光"，王昌龄的"一片冰心在玉壶"等诗句，都是赞美酒和玉酒器的千古名句。

到了宋代，制玉技术越发精湛，玉酒器也更加精美。明人高濂在《燕闲清赏笺》中提到："宋人制玉，发古之巧，形后之拙，无奈宋人焉。"南宋绍兴二十一年(1151年)，清河郡王张俊向高宗进奉的42

◆ 金托玉爵杯

件玉器中，就有玉枝梗瓜杯、玉瓜杯等玉酒器。

元明清三代，是中国玉器工艺的鼎盛时期，玉酒器自然在这三个朝代很盛行。现今存放于北京北海公园团城玉翁亭内的"渎山大玉海"，是目前世界上最早最大的玉制大酒瓮。

玉与其他材质结合的酒器

单纯的玉质酒器是酒器的一大类别，还有玉和其他材质被综合运用后制作成的酒器，如金托玉爵。这个酒器由金托、玉爵组成，金托呈浅盘状，中央凸起一树墩形爵座，顶设三孔，玉爵之三足刚好插入其中。金托盘的口沿上刻有云朵纹，并且等距离嵌有红、蓝宝石各六枚，托盘底部为沙地，浮雕花纹，主饰为二龙戏珠，龙首之间为火焰宝珠和云朵，龙尾之间是海水江崖，镶嵌有红蓝宝石各四枚。玉爵用新疆和田玉制成，形状似商周时期的青铜爵。爵把被雕成爬龙状，龙屈身弓背，后爪蹬爵腹，前爪攀爵口，龙腹与爵身之间的空隙可容插入一手指。爵流和爵尾的外壁各雕一正面龙，龙的前爪上各托一字，流部的是万，尾部的是寿，寓意万寿无疆，两龙之间刻有四合如意云纹，三条爵足的根部各刻一如意云纹，爵座的外表錾刻怪石险峰，其上点缀红、蓝宝石各三枚。

至于石酒器，更是稀罕少见。古人云："他山之石，可以攻玉。"石以奇为美，以奇石制成酒器，往往是文人墨客的专利。开元年间，唐代"饮中八仙"之一的李适之登岘山时，发现奇石，形如洼陷，用以制成酒尊，一时被文人们传为美谈，流传甚广。

延伸阅读

渎山大玉海

渎山大玉海为传世珍品，旧称玉瓮，是北京北海公园团城收藏的一件元代巨型酒器，系用一整块黑质白章的大玉石精雕细琢而成。口长182厘米、宽135厘米、腹深55厘米、重6500千克，口呈椭圆形，周身雕刻波涛汹涌的大海，浪涛翻滚，漩涡激流，气势磅礴。在波涛之中，又有龙、猪、马、鹿、犀、螺等神异化动物游戏其间，海龙下身隐于水中，上身探出水面，张牙舞爪，戏弄面前瑞云承托的宝珠。猪、马、犀、鹿等动物遍体生鳞，使人联想到神话里龙官中的兽形神怪和虾兵蟹将。可以说，这是一幅栩栩如生的龙官世界的景象。该器不仅形体巨大，气度不凡，而且雕工极精，利用玉色的黑白变化来勾勒波浪的起伏、表现动物的眉目花斑，匠心独运，技艺高超。更为可贵的是，大玉海的腹内刻有清代乾隆皇帝的御诗三首及序文，概括了这件巨型酒器的形状、花纹和来历。序文写道："玉有白章，随其形刻鱼兽出没于波涛之状，大可贮酒三十余石，盖金元旧物也。曾置万岁山广寒殿内，后在西华门外真武庙中，道人做菜瓮……命以千金易之，仍置承光殿中。"

千奇百怪的酒具赏析

不同的人根据自己的喜好，在酒具的制造上标新立异，形成了造型奇特、不拘常规的酒具。

在中国酒文化史上，还有一些材料或造型独特的酒器，虽然不很普及，但却具有很高的欣赏价值，如铜冰鉴、窦绾合卺铜杯等酒器。

漆布小卮

所谓"漆布"，是指在麻布胎上刷漆制器，汉代把布胎称作夹料胎。漆布小卮的把和盖钮上均有鎏金铜环，器内红漆，器表黑漆，在盖面和卮壁上针刻云气纹，云气间隐约显露两个怪兽。

蓬莱盏、舞仙盏

这是唐代诗人李适之珍爱的酒盏。蓬莱盏酒具有海上三仙山的造型，斟酒时以淹没三山为限度，饮酒时，随着盏内酒液的减少，三仙山便显露出来，别有一番韵味。而舞仙盏又是另一种别致，酒盏上设有机关，

◆ 陶四足兽型器

斟酒时会有仙人在酒盏上曼舞，给人耳目一新的艺术享受。

山樽

这是一种用奇木根制成颇受文人青睐的酒具。山樽依自然形态为造型，以返璞归真的理念为装扮，呈现奇异怪诞的壮美。当人们举起山樽，便油然而生优雅之趣。通读李白的山樽歌咏之诗，便可领悟其美妙之韵："蟠木不雕饰，且将斤斧疏。樽成山岳势，材是栋梁余。外与金罍并，中涵玉醴虚。惭君垂拂拭，遂忝玳筵居。"

荷叶盏

碧绿阔大的荷叶，在绿水的滋养中鲜嫩清香，文人墨客便摘来荷叶制成荷叶盏饮酒。每当酒液滴入荷叶盏时，似粒粒珍珠跳跃翻滚。

觚

觚是流行于商代至西周初的饮酒器。造型为圆形细长身，侈口，细腰，圈足外撇。觚身下腹部常有一段凸起，于近圈足处用两段蘑棱作为装饰。这一时期的觚胎体厚重，器身常饰有蚕纹、饕餮、蕉叶等纹饰，商周时的觚非一般饮器，有一句成语为"不

能操觚自为"，即指觚的多寡与饮者的身份地位、人品、酒量相关，只有高品位的人方可用此器。

◆ 四羊方尊。铜尊盛行于商代和西周时期，是一种饮酒用具。这件四羊方尊是现存商代青铜方尊中最大的一件，属国家特级文物，现存于中国历史博物馆。

铜冰鉴

铜冰鉴是战国时期的冰酒器，其四足是四只动感极强、稳健有力的龙首兽身的怪兽。四个龙头向外伸张，兽身则以后肢蹬地作匍匐状。整个兽形看起来好像正在努力向上支撑铜冰鉴。鉴身为方形，其四面、四角一共有八个龙耳，作拱曲攀伏状。这些龙的尾部都有小龙缠绕，还有两朵五瓣的小花点缀其上。

鹦鹉杯

鹦鹉杯由南海所产鹦鹉螺壳所制。它的壳外有暗紫色或青绿色的花斑，壳内光莹如云母。其壳雕琢精致，镶金嵌银，杯腔蜿曲，饮酒时不易一倾而尽，故称为"九曲螺杯"。这种酒杯不仅是权贵们的爱物，也是祭祀的礼器，深为人们所珍爱。

"君幸酒"漆耳杯

"君幸酒"漆耳杯，木胎，杯内髹红漆，杯外黑漆。杯内，口沿和双耳上有纹饰。总共为一套40件，分大、中、小三种型号。中号杯20件，内红漆地上绘黑漆卷云纹，中心书"君幸酒"三字，杯口及双耳以朱、赭二色绘几何云形纹，耳背朱书"一升"二字。器形线条圆柔，花纹流畅优美。大号杯10件无花纹，仅有"君幸酒"三字，耳背朱书"四升"。小号杯10件，两耳及口沿朱绘几何纹。

窦绾合卺铜杯

其造型生动活泼，结构对称，装饰华美瑰丽，是一件极为罕见的艺术珍品。通高11.2厘米，以错金、嵌绿松石为主要装饰方式，双杯内外饰错金柿蒂纹，足饰卷云纹。杯外壁及高足上镶嵌有圆形和心形绿松石共13颗。鸟身上错金短羽长翎，颈胸部嵌圆形、心形绿松石各两颗，其中胸部的一颗最大。

第二讲 酒器探源——美酒入觥凝乐章

酒礼与酒令——雅俗兼备饕与娱

酒礼源于祭神的习俗，进入文明社会后，它被赋予了新的含义：为防止酒祸，确保合理的饮用而制定的有关饮酒的礼仪。随着社会的发展，人们对事物产生新的认识，酒礼也逐渐随着这些变化而变化。

春秋战国时礼崩乐坏，酒礼中含有的敬祖事神、表现宗法等级观念、团结宗法关系的功能消退了，增长了世俗性、娱乐性的享乐内容。

《礼记》中酒礼的记载

我国古代的礼起源于饮食，《礼记·礼运》记载：

夫礼之初，始诸饮食。其燔黍捭豚，污尊而抔饮，蒉桴而土鼓，犹若可以致其敬于鬼神。

从这段话中，可以了解到人们以烧燔黍米、擘析猪肉、掬起地坎中的水作为献神之礼，并且用土块敲击土鼓作乐来娱神。后来，随着酒器与乐器的发明与使用，礼也逐渐隆重了，人们开始用酒来做献礼。

《礼记·王制》中详细记载了酒礼的内容，在西周、春秋时代，它涵盖了"六礼"、"七教"和"八政"。六礼指的是冠、婚、丧、祭、乡饮酒、相见。冠礼属于嘉礼，是古代男性的成年礼。冠礼表示至一定年龄，性已经成熟，可以结婚，并从此作为一个成年人，参加各项活动。婚礼，即结婚礼仪。丧礼，是古代丧葬活动中的礼仪。祭礼，是指在祭祀中的礼仪。乡饮酒，古代嘉礼的一种，也是汉族的一种宴饮风俗。起源于上古氏族社会的集体活动，《吕氏春秋》认为是

◆ 作为礼器使用的青铜酒器

古时乡人因时而聚会，在举行射礼之前的宴饮仪式。相见礼是等级社会的产物，例如公侯相见或者拜别时的礼节。

酒礼突出以人伦为中心的共饮，也开启了我国酒宴以"礼乐"为核心的形式。在夏商时代，乡饮酒礼很受重视，诸侯按时朝见天子时，都实行宴饮的酒礼。当时的养老之礼，也多行酒礼，《礼记·内则》中就有记载：

凡养老，有虞氏以燕礼，夏后氏以飨礼，殷人以食礼，周人修而兼用之。

到了周代，乡饮酒礼、燕礼、飨礼经过一段时间的发展，已经完全成熟。在酒礼发展的过程中，当时的统治者在宴请王妇、要臣、元老、武将、戚属、诸侯、群邑官员和方国君长时，用音乐歌舞助兴，以此增强气氛，张大威仪，陶冶身心，这种形式被广泛加以运用，由此形成了礼乐结合的形式。在这种形式中，席位、献礼、礼器、音乐、乐器都有严格的规定。

西周后期的酒礼

西周后期，出现了礼崩乐坏的局面，在酒礼上出现僭越的现象，席位、献礼、礼器混乱，音乐也不再是雅正之音。这主要是因为在周厉王和周幽王时期，酒色活动失序，酒礼遭到了极大的破坏。上层的周天子破坏酒礼之后，诸侯和卿大夫也不再遵循以前的酒礼。春秋时期，在破坏的基础上又产生了具有新内容的酒礼——燕飨。当时，燕飨成了诸侯和卿大夫间社会交往、传情达意的一种形式。拥有军功的贵族力量不断上升，导致社会结构发生变化，原有的西周酒礼以周

王为中心的形式被改变了。因此在国家政治、军事、外交生活中，传统的燕飨就产生了新变化。这种变化主要表现在酒礼规格的变化。在西周初期，低等贵族不能宴请高等贵族，《礼记·郊特牲》就写道：

大夫而飨君，非礼也。

而在这时候却出现了诸侯宴请天子，卿大夫宴请诸侯的事情。其次，宴用诗歌和乐舞等级的混乱，一些诸侯在宴会上开始使用天子用的音乐。最后就是献酒之礼的破坏。在西周强盛时，一般场合只能行一献之礼，而一献之礼又包括了献、酢和酬，只有天子在行飨礼时，才能用九献之礼。可是，春秋时代，楚成王在宴请晋文公重耳时，就用了九献之礼。

酒德起源与变革

《尚书》和《诗经》是最早提到酒德的书籍，《尚书》中说饮酒者要有德行，不能像商纣王那样，"颠覆厥德，荒湛于酒"，《尚书·酒诰》中集中体现了儒家的酒德，即"饮惟祀"，"无彝酒"，"执群饮"，"禁沉酒"。

古人认为，酒德有凶和吉两种。《十三经注释》所反对的是酗酒的酒德，所提倡的是"毋彝酒"（《尚书·酒诰》）的酒德。所谓"毋彝酒"，就是不要滥饮酒。怎样才算不滥饮酒呢？被后世尊为"圣人"的孔子认为，各人饮酒的多少没有什么具体的数量限

◆ 周公像。周公总结了商朝败于酗酒的教训，提出饮酒要限制的主张。

制，以饮酒之后神志清晰、形体稳健、气血安宁、皆如其常为限度。"不及乱"即为孔子鉴往古、察当时、戒来世提出的酒德标准。先秦时符坚的黄门侍郎赵整目睹符坚与大臣们泡在酒中，就写了一首劝诫的《酒德歌》，使之反省。酒德更牵涉到文明礼貌。古人吴彬在《酒政》中提出饮酒要禁忌"华诞、连宵、苦功、争执、避酒、恶谑、喷秽、佯醉。"

西周对饮酒风的限制

早在西周时期，周公就总结出商王朝败于酗酒，提出饮酒要限制的主张。春秋时期，孔子对饮酒有鲜明的个人见解："饮酒以不醉为度"，"唯酒无量，不及乱"。当时的"君子"对饮酒的态度是"酒以成礼，不继为谣，义也"，这里的"谣"是指饮酒过量。为了引导人们崇尚酒德，古人还专门制定"酒礼"，《礼记·乐记》中记载："一献之礼，其宾主百拜，终日饮酒而不得醉焉，此先王所备酒祸也"。说的是，在繁冗的礼仪中，采取延长每喝一盅酒的时间来防止酒祸。当时的饮酒之礼规定得非常具

◆ 提倡禁酒的北周武帝宇文邕

体，能饮酒的人，可以饮；不能饮酒的人，可以不饮，决不可以强灌，要做到不沉不湎，饮而成欢，不生是非。更有趣的是，在酒席上为防止有人不遵酒德，还采取处罚的手段，如果有谁喝醉出言不逊，或随意骂人，失态损德，就罚他上交无角的羚羊，就连饮酒器也在警示人们节制饮酒，如用来罚酒的斗制作成人形，意在提醒饮者不要酗酒误事。

为了强化酒德，周代曾专门设置一种叫"萍氏"的官职，督察人们饮酒须有节制。另外，古人反对在夜间饮酒，明代人陆容在《菽园杂记》中写道：

古人饮酒有节，多不至夜。

对一些执迷不悟的酒徒，古人习惯以形象实例规劝。元朝名相耶律楚材一天指着酒槽对酗酒无度的元太祖说："这是铁器，都被酒腐蚀成这个样子，更何况人的五脏？"

禁酒的节粮观念

中国历代的禁酒主要是从节粮这个角度提出来的。当年大禹之所以"疏仪狄，绝旨酒"，就是因为这种酒是用粮食酿造的，如果都用粮食来造酒喝，势必会使天下因为缺粮而祸乱丛生，危及社稷。此后禁酒的政治家很多，如齐景公、汉文帝、汉景帝、曹操、刘备、西晋赵王、北魏文成帝、北齐武成帝、北周武帝、隋文帝、唐肃宗、元世祖、明太祖、清圣祖等。每次禁酒基本上令行禁止，收效显著。相比之下，西方社会的大规模禁酒运动，多是从改善社会矛盾和保护人身健康的角度提出来的。

延伸阅读

师旷琴撞晋君

春秋时，晋国的国君晋平公与群臣会饮，酒喝到畅快时，晋平公大发慨叹："没有什么比做君主更快乐的了，只有他的话是没有人敢违抗的。"目盲的乐师师旷听到这话之后，拿起琴就往平公身上撞。晋平公大惊，忙问："乐师要撞谁？"师旷说："刚才我听到有小人在此随便说话，所以要去撞他。"平公说："刚说话的人是我。"师旷说："哎！你所说的不是一个国君所应该说的。"左右的人请求平公杀了师旷，晋平公说："不必了，他说得对，我当以此为戒！"

大盂鼎和监酒官

自夏、商、周以来，礼就成为人们社会生活的总准则、总规范。而饮酒行为自然也纳入了礼的轨道，这就产生了酒行为的礼节——酒礼，用以体现宴饮活动中的贵贱、尊卑、长幼乃至各种不同场合的礼仪规范。

清道光年间，陕西省岐山县礼村出土了著名的大盂鼎（西周康王时期），大盂鼎通高102.1厘米，是西周早期青铜礼器中的重器，因作器者是康王时大臣名盂者而得名。大盂鼎造型雄伟凝重，纹饰简朴大方，双耳立在口沿上，腹下略鼓，口沿下及足上部均饰饕餮纹，足上部有扉棱，腹内壁有铭文19行，共291字，是珍贵的历史资料。

铭文的内容与酒有关，大致可分为以下几段：第一部分用较多文字说明商人纵酒是周兴起和商灭亡的原因，赞扬了周代文武二王的盛德，表示康王（武王的孙子）自己要以文王为典范，告诫盂也要以祖父南公为榜样。第二部分主要是康王命盂掌管军事和统治人民，并且赏赐给盂香酒、礼服、车马、仪仗和奴隶1726个，叮嘱盂要恭敬办政，莫违王命。第三部分说明盂作此宝鼎以祭祀其祖父南公。此器也为商代流行的觚爵酒器组合过渡到西周流行的鼎簋组合作了印证，表明当时的社会风俗正经历着重大变革。

◆ 大盂鼎拓片

西周饮酒礼仪

西周时，已建立了一套比较规范的饮酒礼仪，成了礼制社会的重要礼法之一。人们研究认为，西周饮酒礼仪可以概括为四个字：时、序、数、令。时，指严格掌握饮酒的时间，只能在冠礼、婚礼、丧礼、祭礼或喜庆典礼的场合进饮，违时视为违礼；序，指在饮酒时，遵循先天、地、鬼、神，后长、幼、尊、卑的顺序，违序也视为违礼；数，指在饮时不可发狂，适量而止，三爵即止，过量亦视为违礼；令，指在酒宴上要服从酒官意志，不能随心所欲，不服从也视为违礼。

监酒官与酒令

正式筵宴，尤其是御宴，都要设立专门监督饮酒礼节的酒官，有酒监、酒吏、酒令、明府之名。他们的职责，一般是纠察酒宴秩序，将那些违反礼仪者撵出宴会场合。不过有时他们的职责也会发生变化，比如要纠举饮而不醉或醉而不饮的人，以酒令为军令，甚至闹出人命案来。如古书《说苑》中就记载了这样一件事：

战国时魏文侯与大夫们饮酒，命公乘不仁为"觞政"，觞政即酒令官，公乘不仁办事非常认真，与君臣相约"饮不釂者，浮以大白"，没有饮尽，就要再罚他一大杯。没想到魏文侯最先违反了这个规矩，饮而不尽，于是公乘不仁举起大杯，要罚他的君上。魏文侯看着这杯酒，并不理睬他。侍者在一旁说："不仁还不快快退下，君上已经饮醉了。"公乘不仁不仅不退，还引经据典地说了一通为臣不易、为君也不易的道理，

理直气壮地说："今天君上自己同意设了这样的酒令，有令却又不行，这能行吗？"魏文侯听了，说了声："善！"端起杯子便一饮而尽，饮完还说："以公乘不仁为上客。"对他称赞了一番。

《汉书·高五王传》也记载了类似事件：

齐悼惠王次子刘章，性情刚烈，办事果敢。有一次他侍宴宫中，吕后令他为酒吏。等酒饮得差不多了，刘章唤歌舞助兴，这时吕后宗族有一人因醉逃遁，悄悄溜出宴会大殿。刘章发现以后，赶紧追出去，拔出长剑斩杀了那人。他回来向吕后报告，说有人逃酒，我按军法行事，割下了他的头。吕后和左右听了大惊失色，但因已许刘章按军法行酒，一时也无法怪罪他，一次隆重的酒宴就这样不欢而散。

延伸阅读

东方朔饮不死酒

东方朔，西汉大文学家，字曼倩，平原郡厌次县（今山东惠民）人。汉武帝时为待诏，后为常侍郎，拜太中大夫、给事中。一次，他喝酒醉了，竟然在大殿上小便，因此被以不敬之罪，贬为庶人，后来官复郎中。一年，汉武帝听说君山有道人酿造数斗美酒，饮用后可以长生不死，于是斋戒七日，派遣男女数十对，到君山上取酒。汉武帝准备饮用这种酒时，东方朔说："为臣我认识这种酒，请让我看看。"他拿到酒后，一下就喝完了。汉武帝气得要杀他，东方朔却说："皇上如果杀了我，那么这个酒就不灵验，如果它很灵验，那么您杀我，也杀不死啊！"汉武帝听完此话，就赦免了他。

第三讲 · 酒礼与酒令——雅俗兼备饮与娱

上流社会交往的燕礼

燕礼在古代的六礼中属嘉礼，它是诸侯与卿大夫之间的酒宴礼仪，根据《仪礼》的记载，燕礼的礼节由迎宾礼、献宾礼、饮酒礼、宴饮礼和送宾礼五个部分组成。

中国古代上流社会交往中有很多专门性的礼节，尤其是王侯之间的酒礼更是有很多程序和规则，例如迎宾礼、献宾礼以及酒宴上的饮酒规则。

迎宾礼

迎宾礼，分为告戒、设具、命宾、命执役、纳宾几个环节。在告戒和设具中，诸侯命令臣子通知参加燕礼的群臣。诸侯举行燕礼，都要膳宰设馔具，乐人持乐器，各个席位也依次设定：诸侯席面向西，设于阼阶之上；宾筵设在室户的西边，面向南；卿席设于宾席的东边，小卿及大夫席则放在宾席的西边。在命宾和命执役中，诸侯在群臣之中选一个大夫为宾，然后命一个人主管酒尊之事，命造膳的人主管膳馔之事。接下来的纳宾中，诸侯命射人纳宾，众人入庭，诸侯下一个台阶，揖迎众宾。然后，诸侯回到自己的座位，其他人也各就各位。

献宾礼

献宾礼在迎宾礼之后，在这个阶段，由于参加宴礼的诸侯和作为宾客的群臣之间有君臣关系，所以在燕礼的献宾之礼中，诸侯国君由于地位特殊，不对大臣亲自献酒，改由宰夫代作主人行献宾之礼。主人献宾后，

◆ 战国时期宴乐图

卿和大夫依次相递向诸侯敬酒。然后，开始奏乐，行饮酒之礼。

燕礼中的宴会内容

饮酒之礼结束后，宴会就开始了。在正式的宴会阶段，诸侯立司正为安宾，劝宾客饮酒；立射人为司正监酒。这时候，卿和大夫们都脱鞋就席而坐。司正传诸侯的命令，说"无不醉"，卿大夫起立，齐声说"诺，敢不醉"。接下来，大家尽兴宴饮。酒足饭饱后，就到了燕礼的最后部分——送宾。这时候，卿和大夫拿着赏赐的肉脯低头退出，以表示重视国君的赏赐，然后散席，国君不送卿和大夫，他们各自散去。然后，乐队奏《陔夏》乐。在燕礼中，国君也宴请别国的使者，在宴会结束的时候，国君要让卿和大夫送使者。

◆ 燕礼中奏《陔夏》时用的钟

宾客酢主人；主人献公，主人自酢；最后，主人开始酬宾。接下来，臣子让两个大夫媵爵，大夫送爵给诸侯王公，王公以酒酬宾，

◆ 黄池会盟雕塑。春秋时期吴越两国在黄池会盟，用酒宴飨宾客。

延伸阅读

孔子枣集醉酒

春秋时期，孔子十分仰慕老子的名声和才学，于是就和弟子子路一起赶往苦县拜见老子。一天，孔子师徒驱车来到苦县，闻到一股异香，孔子大为惊诧，认为这里肯定出产上好的美酒。不知不觉间到了枣集，孔子师徒见天色已晚，就在村里的一户人家寄宿。

夜里，月色空明，晚风习习，枣集沁人心脾的酒香阵阵袭来。孔子的酒兴大起，心情亢奋，以致辗转不能入睡。于是他就让子路前去打酒，子路从枣集村打酒回来之后，二人开怀畅饮，一直喝到深夜，喝得酩酊大醉。第二天天亮，孔子为饮到美酒，还大发感叹："美哉！然惟酒无量不及乱。"此后，孔子酒醉枣集一事广为流传。

酒礼中最高的飨礼

飨礼是几种酒礼中规格最高的，它从乡饮酒礼发展而来，和燕礼的仪式组成十分相近。但是，它们的规格不同，礼仪也是同中有异。

飨，又作"享"，最早也源于享神，后来祭先王的大礼也被称为"飨"。在周朝，它属于周天子的"王事"，十分隆重。此外，诸侯在朝见天子，参加纳贡述职和升堂助祭时也多使用飨礼。到春秋时期，诸侯国的国君用飨礼之风开始盛行。由此可见飨礼规格之高，是其他酒礼无法比拟的。

飨礼包括四个部分：迎宾之礼、献宾之礼、歌奏合乐和礼终宴射。飨礼中的迎宾之礼，其主人是周天子，到了春秋时期则是诸侯国君；宾客则主要是前来朝拜的诸侯与

卿大夫，也有本国级别较高的卿大夫。天子命大臣通知遗宾参加飨礼，膳宰摆好馔具，乐人持乐器，各个席位按照尊卑依次设定。天子选择一个人主管酒尊之事，命射人迎宾，众人进入后向天子行礼。然后，天子坐到自己的座位，其他人各就各位。

在献宾之礼中，飨礼继承了乡饮酒之礼，宾主之间有献、酢、酬的献礼。乡饮酒礼中多为一献之礼，而飨礼要视宾的尊卑而定，宾之尊贵者，飨礼可以多达"九献之礼"。在西周初期，周天子最隆重的飨礼仅为"三献之礼"，后来才出现了只有周天子能用"九献之礼"。飨礼中献礼次数的不同，主要是为了体现君臣的等级差别。在飨礼的献、酢、酬中，"酢"是最能突出君臣之别的重要环节。乡饮酒礼中的酢，是由宾取盛有酒的爵到主人席前还敬；而飨礼中的酢则不同，宾不能直接取爵还敬主人，必

◆ 清朝赐宴礼乐图

◆ 酒礼之射礼图

须由主人发出命令后，宾才能还敬，这样做的目的是突显主宾、君臣地位之尊卑。《左传》庄公十八年就记载了这一现象：

虢公、晋侯朝王，王飨醴，命之宥（宥同酢）。

在飨礼的歌奏合乐中，迎宾送客时都有"金奏"《肆夏》三章之乐，行礼之时有"升歌"，有"管"、"舞"。金奏是用钟鼓演奏的乐曲，它在西周时是天子之乐，《国语·鲁语下》云：

金奏《肆夏》——《樊》、《遏》、《渠》，天子所以飨元侯也。

到了春秋时期，诸侯的飨礼中，也开始用起了金奏。如《左传》成公十二年中写晋卿卻至访楚，楚王举行飨礼时就"金奏作于下"，这些都反映出了飨礼奏乐规格之高。在飨礼的歌部分，如果是诸侯相互招待，则升歌《文王》、《大明》、《绵》，用箫伴奏；如果是诸侯招待使臣，则升歌《鹿鸣》、《四牡》、《皇皇者华》等。

最后一个环节是礼终宴射，在宴会快结束之前，主人与宾还要进行射箭比赛。比赛中输了的人，要站着喝罚酒，然后向胜方行拱手礼。进行第二次射箭的时候，还要用增进行音乐伴奏，乐工演奏《诗经·召南》中的《驺虞》，进行完第三次射箭比赛后，负方喝过罚酒，并向胜方行拱手礼，宴会也就至此结束了。在整个飨礼中，主要是表现礼节，爵中的酒满了却不饮用，只能用它来漱口，有坐具却不能倚靠，以此表示肃敬。

延伸阅读

王世充给酒封官

王世充，字行满，其先祖为西域的胡人，后来迁徙至长安新丰。他的父亲早死，母亲再嫁给霸城的王氏。王世充精通兵法，在隋文帝开皇年间，以军功拜仪同兵部员外郎，后来累迁为江都丞兼领江都宫监，深得隋炀帝喜欢。李密攻陷洛口仓后，隋炀帝拜他为将军，让他带兵保洛口。炀帝死后，越王杨侗在东都洛阳称帝，王世充被任命为吏部尚书，并加封郑国公，后来又升任尚书左仆射、相国，总督内外诸军事，封郑王。公元618年，王世充废了杨侗，自立为帝，年号开明，国号郑。一次朝会的时候，王世充对群臣说："朕之所以身强力壮，气血充足，这都是酒的功劳，所以我要封酒为天禄大夫。"

酒令的源起和发展

酒令在中国具有悠久的历史，经过漫长的演变和发展，逐渐变成增加饮酒乐趣的游戏。其内容和形式不断丰富，反映出的趣味也逐渐分化为雅和俗两类。

酒令起源于西周，最初它并非助酒兴的游戏，而是一种礼制。后来，因为"礼崩乐坏"，酒令才逐渐演变成取乐的游戏。

酒令这个词诞生于春秋初期，据汉初的《韩诗外传》记载：

齐桓公置酒令曰："后者罚一经程（一种饮酒器）！"管仲后，当饮一经程，而弃其半曰："兴其弃身，不宁弃酒乎。"

这段话表明春秋初年，已经有了酒令的名称。到战国初期，酒令由原来的节制饮酒转变为劝酒的性质，酒礼的内容也逐渐变革和发展。后来，酒令发展为佐酒助兴、宾主尽欢的方法，甚至成了劝酒、赌酒、逼酒的一种手段。在晋朝，权倾朝野、富比天子的石崇在他的金谷别墅中宴客，他要求客人即兴赋诗，而且规定"或不解者，罚酒三斗"，从这个时候开始，以诗为令进行罚酒的酒令正式产生了。

魏晋南北朝时期，从民俗中发掘出来了别有风情的酒令——曲水流觞令。所谓

◆ 明代宫廷的投壶行令游戏

"曲水流觞"，就是选择一个风雅静僻的地方，文人墨客按秩序安坐于弯曲的溪水边，一个人把盛满酒的杯子放在上流的水中，使它顺流而下，酒杯停在哪个人面前，哪个人即取而饮之，并且要作出诗来。魏晋时的文人雅士喜袭古风，他们喜好老庄清淡之说，整日饮酒作乐，纵情山水，在山间谈玄论道。

到了南北朝时期，除了"曲水流觞"这种酒令外，还逐渐演化出了吟诗应和的酒令。文人墨客十分喜爱这种酒令，在当时流行较盛。南方的士大夫在酒席上吟诗应和，吟诗迟出者受罚，已成风气。到了唐朝，"唐人饮酒必为令为佐欢"。《胜饮篇》中记载：

唐皇甫嵩手势酒令，五指与手掌节指有名，通吁五指为五峰，则知豁拳之戏由来已久。

唐代的酒令多种多样，丰富多彩，当时较盛行的是"藏钩""射覆"等。"藏钩"也称"送钩"，它简便易行，即一个人把"钩"藏于手中或匿于手外，握成拳状让对方猜度，如果对方猜错了，就要罚酒。进行"射覆"的时候，先要"分曹"，即先分队，然后先让一方在器皿下暗藏一个东西，让另一方猜。唐代诗人李商隐就很喜欢这个酒令，他在诗中写道：

隔座送钩春酒暖，分曹射覆蜡灯红。

到了宋代，酒令由雅趋俗，俗中见雅，比唐代酒令有了更广泛的基础。这时候最常见的酒令有掷骰、射覆、酒筹、酒牌、文字令，此外还有击鼓传花、手势令、旗幡

令、小酒令等等。到了元代，随着通俗文学的发展，酒令从士大夫、文人雅士及富豪之家的酒宴上，逐渐普及到民间和百姓之家。明清时代，酒令进入巅峰状态，其品种之多，内容之丰富，都是前代酒令所不能比的。人物、花草虫鱼、经史典故、风俗习惯、时令节气、唐诗宋词等都被应用到了酒令中。这时候的酒令也向着系统化、理论化的方向发展，其中有关的著述也很多。明清两朝最流行的酒令，当推拧酒令，此酒令就是旋转不倒翁，先拧着它旋转，待停下后，不倒翁的脸朝向谁，就罚谁饮酒，明清时期行令气氛很宽松，行酒令只为劝酒，饮酒只是为了取乐。

徐渭巧行酒令

明代大文学家徐渭和六位朋友喝酒，六友事先商量好捉弄他。甲友说："喝酒要行酒令，我作令官。今天的酒令是，各人说一个典故，要和桌上的菜肴有关。"接着，他就出了一个酒令："姜太公钓鱼。"说完把鱼肉端走了。

乙友说："时迁偷鸡。"说完把鸡肉端走了。

丙友说："张飞卖肉。"说完把猪肉端走了。

丁友说："苏武牧羊。"说完把羊肉端走了。

戊友说："朱元璋盗牛。"说完把牛肉端走了。

己友说："刘备种菜。"说完把最后一盘青菜也端走了。

徐渭看看六人，不动声色，低声道："秦始皇并吞六国。"伸手把六碗菜全部揽了过来。六人大笑，齐道佩服。

文雅的酒令

文雅的酒令最早出现在晋朝，源于助酒兴，多用文雅的诗文进行唱和，流觞曲水就属于这种形式。而这类酒令中，影响大和使用广泛的则是以文字为主的酒令。

古时候，人们行酒令时，参加者人数一般不限制，但是大多都以二十人为一组。每组选一个人为监令，观察依令行饮的次序，然后安排两个录事："律录事"和"觥录事"。律录事司掌宣令和行酒，又称"席录事"。律录事司掌宣令和行酒，又称"席

纠"、"酒纠"；觥录事司掌罚酒，又称"觥使"和"主罚录事"。其中律录事最为重要，他是酒令游戏的具体组织者，是酒筵上的核心人物，必须熟悉各种酒令，并且要能歌善舞，能度曲，还要有酒量，能豪饮。

左右离合令

在《大业拾遗记》中记载了这种酒令：

隋炀帝在宫中举行宴会，行拆字的酒令，以"左右离合"为令格。杳娘在炀帝的身旁作陪，炀帝取"杳"字，为十八日。杳娘则拆"罗"字（繁体为"羅"）为四维，炀帝要身边的萧妃拆"朕"字，如果不能的话，就要罚她喝一杯酒。

断章取义令

据说在唐中宗时，有位姓张的书生夜里溜到崔府，与府上懂诗文的五嫂、十娘共行酒令。五嫂以赋古诗，断章取义为酒令，在断章取义的时候还要合情合理，否则就要罚酒。十娘遂遵命行令为："关关雎鸠，在河之洲。窈窕淑女，君子好逑。"取《诗经·关雎》一章，寓求欢之意。书生行令为："南有乔木，不可休息。汉有淑女，不可求

◆ 古人在郊野的酒宴

思。"这些话取自《诗经·汉广》，表示欲求而不得之意。五嫂以《诗经·南山》一章为令："析薪如之何，匪斧不克；娶妻如之何，匪媒不得。"表示为他们通男女之好。

一字惬音令和拆字令

唐朝的时候，高骈任成都节度使时，曾设下酒宴，命好友薛涛改一字惬音令。当时的酒令要求用的字必须是一个象形字，并且还要逐韵。高骈起令为："口，有似没梁斗。"薛涛还令："川，有似三条椽。"两人以这种方式为饮酒助兴。

此外，文人在饮酒的过程中，一方面为了雅趣，一方面为了体现自己的学识，还制作出景物双关令、征经史令、推字换形令、词牌合字令等。

名士张姻与商慧相遇，因为志趣相投聚在一起饮酒，为了助兴就行景物双关令，张姻云："遥望渔舟，不闲尺八（乐器）。"商慧为了接酒令，马上饮酒一杯，凭栏作呕吐状，再入席做令为："凭栏一吐，已觉空喉（篌篌，古时的乐器）。"

征经史令是以古代的诗歌和历史为酒令，在唐咸通年间，番禺名士李汇游于福建，晚上住在一个老者家里。二人谈论经史，淹留累夕，后来在酒席上就行征古今诗语的酒令。老者的酒令是："长安轻薄儿，白马黄金羁。"李汇接令为："昨日美少年，今日成老丑。"然后李汇又行令为："白发有前后，青山无古今。"老者还令："此翁白头真可怜，忆昔红颜美少年。"至此，老少二人尽欢饮酒，在行酒令中共论及几十首诗歌。

推字换形令

推字换形令就是把一个字加不同的偏旁组合成另一个字，如：木在口内为困，推木在上为杏；十在口内为田，推十往右为叶。如果行令的人接不上来就要被罚酒。词牌合字令要求行令者说出三种曲牌名，三个曲牌的第一个字合起来成另一个汉字，否则要饮酒。如：月下笛，西地锦，女冠子，组成一个腰字。

占相令

据古文献记载，裴坦、裴勋饮酒取乐，在唱和时就行占相令。裴坦明知裴勋相貌猥琐，故意设令描述对方容貌形状：飞盏属酒之时，须口占一物。裴坦遂把酒给了裴勋，接令为：矮人饶舌，破车饶楔裴勋十分。裴勋饮完酒之后，把杯子还给对方，并且继续挖苦对方：蝙蝠不自见，笑他梁上燕，十一郎十分。十一郎是裴坦的排行，十分即为自己满斟一杯的意思。裴坦听了之后，不但没有怒色，继续行酒令，两人直接喝到尽兴为止。

延伸阅读

兄妹行酒令

苏东坡任京官后，苏小妹前去看望。兄妹相见，分外高兴，饮酒畅谈，且行酒令。

东坡说：

虫去乙为虫，添几却是凤。

风暖鸟声碎，日高花影重。

小妹略加思索，便应声答道：

江去水为工，添糸即是红。

红旗开向日，白马骤迎风。

苏东坡对小妹的才情十分佩服，连饮几大杯。

游戏娱乐的酒令

　　酒令的形式多样，随着饮酒者的身份、文化水平和趣味的不同而不同，其中酒令中的通令是人人都可以参与的一种大众化酒令，它带有游戏的性质，具有很强的娱乐性。

　　游戏娱乐离不开酒令，因此一些娱乐性强、简单又易行的酒令就诞生了，如骰子令、猜拳令、击鼓传花令等等。

骰子令

　　在通令中骰子令最为常见，骰子亦称"色子"，因用骨头制成，故称骰子。用骰子来做酒令，其使用的数目为一到六枚，视具体情况而定，依令来限数，命题自定。骰子一经摇出，就要对点饮酒。骰子令有并头莲令、猜点令等多种，其中行并头莲令时，每人各取三个骰子，同时摇出，双方若是有两枚数字一样为豹，一枚数字为猴，豹的大小不定输赢，猴的点数多少决定胜负，如一方为一点，另一方为三点，点多为王，点少为寇，点少的还要被罚喝酒。在猜点令中，令官坐在东面用两骰子摇，全席的人猜点数，没猜中的就自动饮酒；猜中者，则可以让摇骰的令官饮一大杯，或数小杯。卖酒令是令官先斟满一大杯，席上的人用两个骰子依次摇，有一者买一杯酒，无一者就罢了，所剩的酒令官就自己喝了。对点令是双方各执六枚骰子，各在碗里摇出点数，先由一方

说出点数，对方再说点数，只能加点，不能减点，最后没人加点则开，猜错的人就自己罚饮。

猜拳空

　　拳令亦称划拳，它是通令中雅俗共赏

◆ 行令图

的酒令。在行拳令时，要思维敏捷，目光敏锐，欢叫斗胜，举座注目，玩起来痛快淋漓。行拳的时候要运思挥指，出奇制胜，瞬间变幻，妙算无穷。所行拳令，除两人对猜与依次"打通关"外，还有席中对坐同猜者，有双拳轮猜者，有空拳、内拳、过桥拳、连环拳、回转拳、轮环三令等不同类别与猜法。两人之间的对战，亦有临时约规之习惯，如一人只叫某数，叫别数算输；对方只能叫余数，叫专定之数算输。

连环拳左手与左邻猜拳，右邻用右手相应，两臂相联，所以叫做连环拳。左手输就用左手举杯饮，右手输同样，错者受罚。分出胜负后，令官的左邻也用左手与其左邻的右手猜拳，如此下轮，到令官的右邻，令官再用右手来应，分胜负后为一巡，这是一种方法。也有令官与左邻猜拳后，再用右手与右邻猜，这又是一种方法。摆擂台令中，令官先饮大杯高坐摆擂，有来进行挑战者，先饮一大杯，然后开拳，输则退下。擂主输了的话，要让位给胜者，胜者为新擂主。如果挑战者纷纷败阵，没有敢再挑战的人，就撤擂结束酒令。走马拳酒令就是挨座猜一拳，不论胜负，均可向下轮转，很快就轮流一圈，然后猜拳负者一起饮酒。对坐猜拳令就是全席的人对坐着，各猜三拳，不管胜负一起共饮。

击鼓传花

行击鼓传花令十分有趣，令官把一朵花或其他小物件如手帕握在手里，然后用布蒙上眼睛，一人在屏后击鼓，长短快慢随其自然。令官把花传给旁座一人，然后依次顺

◆ 古人侍酒

递，迅速传给旁座，令官喊停后或者鼓声忽然停止后，持花而没有传出的人就要被罚酒。然后，这个罚酒者就可以当下一轮的令官，继续行击鼓传花令。有时候被罚酒的人还可以出谜面，由下一轮的输家猜谜底。如果猜不中就要罚酒，如猜中了，出谜人就要被罚酒，而且猜中者有下一轮出谜权。猜谜还可以限定范围、加限于席上所有物或室内所有物之类。

雅俗兼备的筹令

文人的雅酒令有"阳春白雪"的味道；而民间流行的通令，又被不少人认为粗俗、有失风度。筹令兼有这两种酒令的优点，又摒弃了它们的不足，形成了一种雅俗共赏的酒令形式。

筹令是一种雅俗共赏的酒令，因为它是从筒中掣筹行令，所以被称为筹令。在行筹令的时候，必然要用筹子。而筹子本是古代的算具，古代人一般用竹木削制成筹来进行运算，善计者可以不依赖筹就求得结果。从唐代开始，筹子在饮酒中开始被应用，当时有两种不同的用法。一种情况是用它来记数，白居易诗曰："醉折花枝作酒筹"，这里的酒筹就是用来计数的，人们按所得的筹的数量来行酒。另一种情况就是把它变化成了一种行令的工具。筹的制法也复杂化了，

在用银、象牙、兽骨、竹、木等材料制成的筹子上刻写各种令约和酒约。行令时合席按顺序摇筒掣筹，再按筹中规定的令约、酒约行令饮酒。

筹子上刻饮法，最典型的如"觥筹交错令"。其法是制筹四十八支，半数为红色的，半数为绿色的，红筹上分别写着诸如"酌先到者一杯"、"酌年长者一杯"、"自酌者一杯"等。在行酒令的时候，令官举着筹筒来到客人面前，他们要先掣红筹，如上面写着"酌主人一杯"，意思就是请设宴主人掣绿筹，看筹上如何写法。绿筹上则有"左分饮"、"饮二杯"等各式写法，左边的人就和主人一起饮酒，然后继续玩下去。有时候一些嗜饮者，常常掣到"免饮"或"对座代饮"，只得叹息自己的时运不好，干瞪眼看别人饮酒。

筹令还把《论语》等经典加入进去，如巧言令色，鲜矣仁——自饮五分；未曾以礼让为国乎——好争令处五分；敏而好学，不耻下问——律事五分；苟有过，人必知之——新放盏处五分；择其善者而从之——

◆ 猜拳图

◆ 唐代酒令筹

大器四十分；唯酒无量，不及乱——大户十分；贫儿无谄，富儿无骄——任劝两人；择不处仁，焉得知——上下各五分；闻一知十——对玉烛录事五分；刑罚不中则民无所措手足——觥录事五分；己所不欲，勿施于人——放。这些筹令中所说的分数，代表酒量："十分"为满斟一杯，"五分"为半杯，"四十分"为四杯。大部分场合的劝罚，乃以半杯为度。"大器"、"大户"指善饮之人。玉烛则是用来记录饮巡的器物，"玉烛录事"即主管筹令的人。其中"饮"、"劝"、"处"和"放"代表着不同的意思："饮"为自斟自饮，"劝"为给别人敬酒，"处"为罚酒，"放"则是不敬不罚，重新下筹。筹上每句文字的前段，均出自《论语》，并往往同后段的饮酒术语契合。例如"敏而好学，不耻下问"、"闻一知十"等等用为对律事、玉烛录事的赞语，后段写的是让他们喝半杯酒。从这些筹令的内容来看，单纯的筹令，其艺术成分还比较少，行筹的意义主要在于促饮和增加趣味。

筹令主要盛行于初唐和盛唐，当时的文人在诗文中都有关于酒筹的描写。白居易喜好饮酒，他在《与诸客空腹饮》中写道：

碧筹攒米碗，红袖拂骰盘。醉来歌尤异，狂来舞不难。

根据诗歌的题目和内容，可以得知他与客人是以行筹令的形式来饮酒取乐。元稹在诗中也曾多次提到筹令，如《酬窦校书二十韵》：

尘土抛书卷，枪筹弄酒权。

《何满子歌》：

如何有态一曲终，牙筹记令红螺盏。

《元和五年予官不了罚俸西归》：

能唱犯声歌，偏精变筹义。

到了唐朝后期，筹令逐渐衰落了，但是后世依然还在采用。

第四讲

酒祭与酒俗——天有大道人有伦

人生礼仪的酒俗

很多人生礼仪都和酒有关，酒在这类仪式中扮演着重要角色，它在相应的仪式中表示期望、祝愿和祝福。

人从出生到成年，再到婚姻，无不和社会产生联系，因此也就衍生出一些生活酒宴，例如抓周酒、加冠礼酒、祝寿酒等等。

抓周酒

在中国，婴儿诞生礼仪离不开酒，从婴儿诞生一直到一周岁，其主要内容有满月酒、百日酒、周岁酒。

周岁酒是在婴儿长到一周岁时举行的，俗称"抓周"或"得周"，在这一天，家人照例要用酒来进行庆贺。

"抓周"，一般是在桌上放笔、书、纸、算盘之类的东西，让小孩来抓，以测试其将来志向。如果小孩抓住了笔或者书之类

◆ 抓周图

的东西，就预示着将来他喜欢读书，在场的人会交口称赞。但是，即使小孩没有抓笔或书，抓了其他的东西，在场的人也会说一些祝贺或者吉祥话。小孩在"抓周"之后，家人就摆出"周岁酒"招待宾客。届时，由大人抱着孩子，在酒席上轮流称呼在座的长辈，家人还要逐一劝酒。《红楼梦》中有一段描述贾宝玉周岁时"抓周"的情景："那周岁时，政老爷试他将来志向，便将世上所有东西，摆了无数叫他抓。谁知他一概不取，伸手只把些脂粉钗环抓来玩弄；政老爷便不喜欢，说将来不过酒色之徒，因此不甚爱惜。"

加冠礼酒

古代成年礼属于嘉礼的一种，男子的成年礼被称为冠礼，女子为笄礼。成年礼意味着男女青年至一定年龄，性已经成熟，可以婚嫁，并从此作为家族的一个成年人，可以参加各项活动。

根据历史资料记载，成年礼实行于周代。按周制，男子在二十岁时行冠礼，天子和诸侯多提早行此礼，以便早日执掌国政。相传周文王在十二岁就加冠，成王在十五岁

◆ 叶曼叔《祝寿图》

行冠礼。古代冠礼在宗庙内举行，日期为二月，冠前十天内，受冠者要先卜筮吉日，十日内无吉日，则筮选下一旬的吉日。然后，家人将吉日告知亲友，行加冠礼的前三天，又用筮法选择主持冠礼的贵宾，并选一位赞冠者协助冠礼仪式。在行礼的时候，受冠者的父亲、贵宾及受冠者都要穿礼服。在加冠的时候，先加缁布冠，次授以皮弁，最后授以爵弁。加冠完后，由贵宾对受冠者读祝辞，祝他成为成年人，并且要求他保持威仪，培养美德，最后祝他万寿无疆，大福大

禄。之后，加冠者拜见自己的母亲，贵宾为他取字，然后主人送贵宾到庙门外，为他敬三次酒，同时送他两张鹿皮、五匹帛作报酬，另外还要馈赠牺牲的肉。受冠者则改服礼帽礼服去拜见长辈，拿野雉等东西去拜见乡大夫等人，如果父亲已去世，受冠者还要向父亲的神位进行祭祀。

祝寿酒

祝寿饮酒的风俗由来已久，人们一般逢十办寿酒。按照习俗，人的一生中只在四十岁时不做整寿，因为"四"的谐音是"死"，这年祝寿被视为不吉利，所以人们都很忌讳。人在六十岁以后，年龄越大，寿酒的规模也就越大。按照天干地支计算，六十年为一甲子，而且人到六十岁之后，早已是儿孙满堂，家成业就了。届时为老人祝寿，屋子中间的房间就作为寿堂，上面高挂寿星图，贴上祝寿对联，桌上摆放着寿酒、寿烛、寿桃、寿糕、寿面等预示吉祥的东西。做寿老人端坐堂前，依次接受儿孙小辈的跪拜和敬酒。在拜寿完毕之后，大家就开始喝老人的寿酒，吃宴席。很多地方的人认为，喝了老人的寿酒，自己也会长寿，而且喝得越多越长寿，所以在酒宴上大家都开怀畅饮。

婚嫁宴会的酒俗

婚嫁是人生中的大喜事，这件喜事同样离不了酒。在婚嫁的宴会上，饮酒是为了增加喜庆的气氛。

古代社会强调酒以成礼，这一点突出表现在婚嫁礼俗上。自古以来，人们都把婚嫁宴席中的酒称做喜酒，这说明酒与喜事的关系很密切。婚嫁是人生中的重大仪式，在这样隆重的仪式上，不能少了象征吉祥喜庆的酒宴，因此人们对为婚嫁办酒席，宴请宾客，也情有独钟，乐此不疲。

女儿酒

在一些盛产酒的地方，婚嫁风俗中酒占据了极为重要的地位。一些人家生了女儿，在女儿出生的当年就酿制几坛酒，密藏于地窖或夹墙内，一直到女儿出嫁时才取出来，或作陪嫁，或在婚宴上款待客人，这种酒就被称为"女儿酒"。父母在酿制"女儿酒"时，不仅选料、技艺十分精心，连酒坛也刻意装扮，请人绘上各种吉祥的图案，题上吉祥祝辞，如"花好月圆"、"万事如意"、"白首偕老"等，以寄托自己对女儿的美好祝愿。生女儿的人家酿酒，生儿子的人家也不甘落后，很多人家在有了儿子后就酿酒，并在酒坛上涂上朱红色，着意彩绘，这种酒被命名为"状元红"，期望儿子将来能高

◆ 新人拜堂的仪式完毕之后，有喝交杯酒的习俗。

◆ 古代人喝"合卺"酒的酒杯

中状元。无论是"女儿酒",还是"状元红",从酿造到饮用,中间要等十几年,当男婚女嫁时才能启封。这些酒存放十几年以后,往往会浓缩,因此口味和质量都很好。在女儿成亲或儿子大喜时,父母就请亲朋好友喝这种酒,以此来增加喜庆的气氛。

婚嫁酒宴

在我国很多地区,男女在订婚时,都要备酒宴,招待宾客,双方亲友会到场祝贺。到了婚嫁的日子,一些地方还要喝"别亲酒"。在女儿出嫁的前天晚上,父母要为她置备酒席。女儿入席时,坐于首席,由平辈或小辈陪着,席间先由她的母亲为女儿斟酒,酒宴结束后,长者引着她辞别祖先。有些地方,男方迎亲队伍去女方家迎娶时,女方还要专请迎亲队伍喝酒吃饭,此酒也叫上马酒。新娘的父亲或叔伯要举酒杯,为接亲队伍饯行,预祝他们一路平安。有些地方在

女儿出嫁当天,父母要置办酒席送女儿出嫁。还有些地方,新娘和男方由迎亲队迎接到男家大门口时,男方家的两个妇女要站于门口,一人捧盘举杯,一人执壶斟酒,向新娘和送亲宾客敬酒,新娘饮酒后才能进夫家进行拜堂。

古籍记载两千年前就有在结婚之日,新郎先至女家迎娶新娘,待新娘进夫家门后,要设酒宴让新婚夫妇"先牢而食,合卺而醑"。喝"合卺"酒的习俗,到宋代才改用两只杯子,但仍用红绿线连接,新婚夫妇各饮一杯,以示合欢,"合卺"也从此改称交杯酒。新婚夫妇这天必定是既兴奋又羞涩,一切行动听凭亲友支配。有的地方对交杯酒的杯子处置非常有趣,要将杯子掷于床下,验其俯仰,如杯了一俯一仰,就意味着天覆地载,阴阳和谐,是大吉大利之兆。

延伸阅读

喝什么酒为宜

在酒宴上,常常有多种酒可供选择,这个时候就要选择适合自己的酒来饮用。通常情况下,应选择低糖分酿造酒或低度数的蒸馏酒,因为饮用低度酒有利于酒精在体内代谢,对人体器官的损害比较小。而这类酒的代表就是葡萄酒、果酒、黄酒及低度白酒,它们的酒精度低,营养丰富。其中黄酒含有丰富的氨基酸和糖类,而葡萄酒含碱性物质及丰富的维生素和有机酸,它能增强人体的新陈代谢。葡萄酒的品种繁多,有干型、半干型、甜型、浓甜型等,而且还有红色、白色、桃红色等,在选择时要根据自己的口味来决定。

行军打仗的酒俗

古时候行军打仗时，有很多酒俗，如出师时有祝捷之饮，胜利归来时有庆功酒等等。

出师祝捷之饮在我国已延续了几千年，是古代的战争传统。

箪醪劳师

春秋战国时期，越王勾践在吴国作了三年阶下囚，"住石室，养军马"，三年面无愠色，卧薪尝胆，终于赢得了吴王夫差的信任，获释回国。回国后他立志复国，经过二十年的励精图治，休养生息，使越国国库充实，兵强马壮，百姓富足，破吴雪耻的时机终于来到。出征那天，倾国的百姓来送行，还有人送来一箪酒。勾践闻着从壶中逸出的酒香，百感交集，思绪万千。他为自己当年的无知给百姓带来深重灾难而愧疚，又为有如此通情达理生死与共的好臣民而宽慰，他含着热泪向军民大声说："寡人戒酒二十载兮，所盼乃今日，而今开戒，不灭吴国兮，誓不返回！"并登上祭台对天祈祷："苍天助我！祖宗佑我！"说罢，以酒酬军。

◆ 投醪河，位于浙江绍兴，据说是越王勾践当年箪醪劳师的河流。

因酒少兵众，便命人将酒倒入河流中，与将士们一起迎流痛饮。酒入河口味虽淡，但将士们却从中品味到了爱国之情。因此，士气更加高昂，人人都说："有此良君也，何以畏死乎！"一时间，"父勉子，兄勉弟，妇勉夫"，场面十分感人。在一片激昂的"不灭吴国，誓死不归"的呼号声中，越王率将士们踏上了伐吴的征途。征战中，越国将士众志成城、同仇敌忾，一举攻下姑苏，打败了吴国，继而挺进中原谋求霸业。

衣锦还乡

汉高祖刘邦在取得统治权以后，回到故乡沛（今江苏沛县），召故人、父老、子弟痛饮。酒酣时，刘邦亲自敲击一种叫"筑"的乐器，唱《大风歌》：

大风起兮云飞扬，威加海内兮归故乡，安得猛士兮守四方。

◆ 刘邦

《史记》载，刘邦一边唱，一边起舞：

慷慨伤怀，泣数行下。

温酒斩华雄

东汉建安年间，刘、曹、孙还未形成三国鼎立之势，刘备兄弟暂居于曹操门下。曹操与董卓两军对垒，被大将华雄连斩两员偏将，曹营一时哗然。这时关羽主动请战，愿取华雄之头献于帐前。曹操转忧为喜，特酬热酒一杯为关羽助威。关羽把酒放下，飞身上马，直奔华雄，帐外喊声大作，如山崩地裂，诸将正在观望，关羽已将华雄之头掷于帐前，此时杯酒尚温。出师之饮又成了胜利之饮。

祝捷庆功的胜利之饮，较之出师之饮似乎更受重视，也更为常见。事实上，我们现在的日常生活中，举凡一项任务圆满完成，一个科研课题取得成果，一场竞技名列前茅等等，都常举行酒宴庆贺。

民俗节日的酒俗

中国的传统节日非常多，主要有春节、上巳节、清明节、端午节、中秋节、重阳节等。人们在过这些节日时，都有办酒席和饮酒的习俗。

春节是旧的一年过去，新的一年开始，在这个时候，辛劳忙碌了一年的人们都习惯大大操办一番。从古时候开始，春节就是一年中最重要的节日，在此期间人们要礼天地，祭神鬼，祀祖宗等。

春节酒俗

旧时民间的喜庆活动，往往从农历的

◆ 热闹喜庆的春节

腊月二十三就开始了，一直延续到第二年的正月十五元宵节，时间将近一个月。在这一个月中，酒是必不可少的。春节有三个重要的部分，就是送灶、守岁、元宵节。"送灶"一般是农历腊月二十三，据说灶神是玉皇大帝派驻凡间的一个神，负责监督全家的言行，掌管全家的吉凶祸福。每年腊月二十三这天，灶神要回天庭向玉皇大帝报告这户人家的情况，所以家家户户在这一天送他上天，同时祈求灶神在玉皇大帝面前多言好事。所以在送灶神前，人们先要祭灶神，在灶神爷面前放上供品——酒、水果和麦芽糖。酒是为了使他醉，免得他多说话，糖是为了粘住灶神爷的口，免得他多说话，然后点上香烛，祈祷一番，祭祀就算完毕了。

除夕夜是旧岁之末新年的开始，按照我国的民俗习惯，这一夜是不能睡觉的，被称作"守岁"。在守岁的时候还要喝酒，这酒就称为"守岁酒"，古时也称为屠苏酒。"屠苏"原是草庵之名，相传有一人住在屠苏庵中，每年除夕夜都给邻里一包药，让他们将药放在水中浸泡，到元日时，再用这井水兑酒，合家欢饮，全家人一年都不会染

◆ 清院本中描绘的野外临水饮宴

周朝的时候就已出现，上巳节最早是农历三月上旬的巳日，后来固定在农历三月初三。农历的三月天气已经转暖，人们正好出来在户外活动。在上巳节这一天，人们都要到水边洗涤除垢，游玩嬉戏，以后又逐渐形成了临水宴宾。上巳节临水宴宾活动与其他节日的喝酒风俗不同，更随意更自由自在。

清明节酒俗

清明是人们踏青扫墓的节日，而祭扫祖坟，缅怀先人，是每年清明必定要做的事。在祭扫祖坟的时候，人们需带上酒菜、香烛和供品，在墓前整齐放好酒菜供品，点燃香烛，叩首祷告，并且还要为祖先的坟除草培土。带去的酒菜供品，一般都在祭祖后，送给"坟亲"享用，这就叫吃"上坟酒"。

上瘟疫，后人便将这酒称为屠苏酒。饮屠苏酒始于东汉，一般饮酒是先老后小，长幼有序，唯有饮屠苏酒可以反其道而行，先小后老，先幼后长。

元宵节在农历正月十五，是三官大帝的生日，过去人们向天宫祈福，必用五牲、果品、酒供祭。祭礼后，撤供，家人团聚畅饮一番，以祝贺新春佳节结束。在这一天，大街小巷处处挂满各种花灯，到处都是欢声笑语，喜气洋洋。这一天，各家各户习惯吃"元宵"，元宵又称汤团，取团团圆圆之意，其次是饮元宵酒，亲朋好友在这一天再次聚会。

上巳节酒俗

上巳节是中国最古老的节日之一，在

延伸阅读

慎用雄黄酒

雄黄酒可以灭五毒，所以在端午节时，人们有饮雄黄酒的习俗。雄黄的主要化学成分是二硫化砷，它经过加热后会转变为三氧化二砷，成为剧毒——砒霜。所以饮用加热的雄黄酒，实际上是在服毒。酒可以扩张血管，加速砷在消化道和皮肤的吸收，时间短者十几分钟即会中毒，轻度中毒者表现为脑骨后疼痛、恶心、呕吐、腹泻、腹痛，重者至死。但是把雄黄酒喷洒在床下、墙角等阴暗处，却可以避免毒虫的危害。

日常生活中的酒俗

我们在日常生活中，难免人有需要别人帮助的时候，也有帮助别人的时候，有时遇到高兴的事希望跟亲朋分享，心情不好时希望有人来安慰，酒有维持友情和社会关系的作用，因此在日常生活中就产生了很多酒俗。

民间日常生活中有很多事离不开酒，比如生子、结婚、盖房、开业、送行、谢罪等，方方面面都离不开酒。

报生酒和寄名酒

有些地方有报生酒的习俗。妻子生了小孩之后，丈夫就提着装满黄酒的酒壶，到丈母娘家去"报生"。丈母娘把黄酒倒出来，然后在酒壶里装一些米作为回礼，让女婿带回去给女儿熬粥。丈夫回家之后，还要送一些酒给族人和邻居饮用。在旧时，孩子出生后，家人要请人算出孩子命中有无克星、厄难。如果有的话，就要把孩子送到附近的寺庙里，作寄名的和尚或道士。一些富裕的人家还要举行隆重的寄名仪式，拜见法师之后，回到家中，就要大办酒席，祭祀神祖，并邀请亲朋好友、三亲六眷，痛饮一番，而此酒就叫寄名酒。

上梁酒

在中国农村，盖房是件大事，盖房过程中，上梁又是最重要的一道工序，所以在上梁这天，要办上梁酒。在建造房屋的时候，上梁要选择在吉日举行仪式，准备酒席请工匠们喝

上梁酒。届时主人要准备三桌祭酒，正中祭祀的是先师鲁班，其他两桌则祭祀天地。在举行上梁仪式的时候，由年长的工匠登上梯子说一些吉祥话，然后在屋子上架大梁。有的地方还流行用酒浇梁的习俗。上梁结束之后，主人就请所有的工匠坐下来，享用酒席，以此来表达对他们的谢意。

开业酒和分红酒

开业酒是店铺作坊置办的喜庆酒，在店铺开张或者作坊开工的时候，老板要置办酒席，以表示庆贺。过去，一些店铺或作坊，在年终按股份分配红利，也要办分红酒，一方面是感谢股东的支持，另一方面是期望来年的生意能更好。

下学酒和上学酒

下学酒在中国古代十分流行。当时一些中上层家庭，都要请家庭教师来教育子女。在一年的学习结束时，家长一般会专门摆酒席宴请老师，感谢老师对自己子女的教导，有的家长在此时还希望老师来年能继续教育自己的儿女。下学酒都是用上好的酒品，菜肴也很丰盛，以此来表示对老师的尊

◆ 廉颇与蔺相如

敬。在饮酒开席之前，主人要先祭祀先师孔子，然后主人行延老礼，接着主人的儿女向老师行叩拜礼，最后是主客尽情饮酒。很多富裕的人家，在第二年春天开学的时候，还要再次请老师吃酒席，这称之为上学酒。

壮行酒

在日常生活中，当朋友远行的时候，有喝壮行酒的习俗，也叫送行酒，表达惜别之情。

谢罪酒

谢罪酒起源很早，战国时期赵国的老将廉颇不服蔺相如的官职比自己高，多次寻衅和侮辱蔺相如。蔺相如为了赵国的利益，一直对其忍让，最终廉颇明白了蔺相如的大义，他就裸着上身背着荆条上门请罪。

请罪一说就起源于此，到后来逐渐发展为谢罪酒。

延伸阅读

孕妇与儿童勿饮酒

孕妇不宜饮酒，因为会延缓胎儿的发育，导致胎儿出生时的体重比较轻，甚至会使胎儿发育异常，自然流产率增高。孕妇大量饮酒，还会损害胎儿的视力，甚至出现"胎儿酒精综合征"，使胎儿发育迟缓、面容丑陋、智力低下，导致婴儿出生时心脏和肺功能不良，以及患有某些中枢神经系统疾病。

儿童饮酒对身体的危害很大，特别是伤肝伤脑，影响身体和智力的发育。性成熟以前的孩子饮酒，会使得体内儿茶酚胺含量浓度增高，睾丸发育不全，影响性发育和生育功能。

第四讲　酒祭与酒俗——天有大道人有伦

祭祀中的酒俗

祭祀的典礼属"吉礼",被列为"六礼"之首,古代人认为祭祀是家国之大事,在祭祀中酒是必备之品。古代的祭祀,主要是祭祖先,祭神祇,其目的是表达对祖先或神灵的崇敬,并祈求保佑和赐福。

祭祀之前,所有参加祭祀的人都必须沐浴更衣,且不得吃荤。尽管祭祀中使用酒,但是在祭祀前任何人都不能喝酒,以此来向祖先和神灵表达诚心与敬意。在祭祀的时候,对现场的纪律要求很严,皇帝经常要求陪同的官员,虔诚整肃,不许迟到早退,不许走动喧哗,不许咳嗽吐痰,不许次序紊乱,不许闲人偷觑,不能出现礼节上的错误,否则,必然严惩。

天子之祭

古时的天子、诸侯都建有宗庙,用来进行祭祀,以求庇佑。按照古制:天子设有七庙,庙里供奉着他的七代祖先,其中太祖庙居中,左右分别为三昭、三穆。三昭、三穆是由健在的天子往上数的六代,祖父、高祖父(祖父之祖父)、高祖父之祖父为三

◆ 清代太庙,是清代帝王进行祭祀的宗庙。

◆ 祭祀中使用的祭器

昭；父亲、曾祖父（父之祖父）、曾祖之祖父为三穆。诸侯一般有五庙，大夫设三庙，士只能有一庙。一般国家有了大事，天子就一定要到宗庙去禀告，以示对祖先的尊敬。

皇帝即位时，也要在宗庙里进行祭祀，召见群臣接受印玺，以此表明正式掌握了国家大权。

家祭

一般的老百姓在家庙里祭祀祖先或家族守护神，称为家祭，陆游的《示儿》诗中就写道：

王师北定中原日，家祭无忘告乃翁。

祭礼用酒

古代统治者认为："国之大事，在祀在戎。"

而在祭祀活动中，酒作为美好的东西，首先要奉献给上天、神明和祖先享用。《周礼》中对祭祀用酒做了明确的规定：在祭祀时，用"五齐"、"三酒"共八种酒。祭祀包含迎神、奠玉帛、进组、初献、亚献、终献、撤撰、送神、望瘗九个仪程，各仪程演奏不同的乐章，跳文、武"八佾"舞，使用不同的酒。

清代，朝廷进行祭祀时套设文、武、乐舞生480人，执事生90人。每进行一项仪程，皇帝都要分别向正位、各配位、各从位行三跪九叩之礼，从迎神至送神要下跪70多次、叩头200多下，整个过程历时两小时，而在这期间皇帝举酒杯的次数也多达几十次。后来，一些皇帝到年迈体衰时不堪如此大的活动量，一般都不亲自去致祭，而派遣亲王或皇子代行。

延伸阅读

酒宴谏齐王

齐威王在后宫置酒宴，召大夫淳于髡前来，并赐给他酒。齐威王说："先生能饮多少才醉？"淳于髡回答说："臣饮一斗酒也醉，饮一石也醉。"威王感觉很奇怪，就问："先生饮一斗就醉了，怎么还能饮一石呢！这不是怪事吗？说来听听。"淳于髡说："大王赐酒时，长吏和御史都在一边，我感觉恐惧，所以饮酒不过一斗就醉了。若有客人来，我要在一边侍酒，这样不过二斗就醉了。若和久不相见的朋友交游，则可以饮五六斗才醉。若在聚会上，男女共有，并且以游戏助兴，我可饮八斗酒才醉。到了日暮时分，主人送走客人只留下我，并且让侍女服侍我，这时候我就最高兴了，便可以饮一石酒。所以喝酒多了人的头脑和行为就乱了，这就如同乐极生悲一样，其实其他的事情也是一样的道理，做什么事情都要适度，注意节制。"齐威王听了他的话后，说："你说得很好！"于是，就打消了长夜饮酒的主意。

节日的酒祭

在一些节日里，人们常常要举行酒祭，其中腊祭、伏祭和社祭最具有代表性。

节日祭祀在老百姓生活中占据重要位置，这些祭祀也都和酒有着密切的关系，比如腊祭、伏祭、社祭等。

腊祭

腊祭一般在农历十二月即"腊月"举行，在古代"腊"通"猎"，人们猎兽以祭祀祖先，敬酒献诸神，祈祷丰收，避灾迎祥，这种祭祀就被称为"腊祭"。据史料记载，春节风俗就来源于远古的腊祭，而腊祭原是神农氏时代"索神鬼而祭祀，合聚万物

而索享之"的岁终祭祀。后来，这一习俗逐渐演化为过年的习俗。《诗经》中就曾写道：

七月流火，九月授衣。一之日觱发，二之日栗烈。无衣无褐，何以卒岁？三之日于耜，四之日举趾。同我妇子，馌彼南亩，田畯至喜！七月流火，九月授衣。春日载阳，有鸣仓庚。女执懿筐，遵彼微行，爰求柔桑？春日迟迟，采蘩祁祁。

在诗中历数了一年中辛劳的日子，舒

◆ 腊祭

缓地叙述了年终的农闲和年的味道。

年是传说时代的丰年，到了夏朝时则转化为岁的说法，其意思是翻过这一段时间，春天就到了，而在这个时候以酒进行的祭祀就叫腊祭。到了商朝，呈现在殷墟里的文字，叫腊祀，说的是一年的时间将尽，该举行仪式答谢神灵了，而且在当时，这个日子被编入了史册。周代，腊祭开始叫"年"，《谷梁传·宣公元年》里记载：

五谷大熟为大有年。

"有"字在《易经》里，是丰年的意思，"年"在甲骨文中，是谷穗成熟，迎风而舞的样子，在两汉前意为五谷丰登。这个时候，腊祭已经逐渐转化为年的习俗，过年人们保留了酒祭和饮酒的习俗。

伏祭

伏祭为古代民间的重要酒祭之一，和腊祭一样，酒都是必不可少的。"伏者，隐伏避盛暑也。"它指的是三伏，也指盛夏暑热，伏祭就是指在夏伏进行的祭祀。在伏祭的时候，要饮酒杀狗举行祭祀，以却热毒恶气。在《后汉书·东方朔传》中记载了伏祭，其文云：

久之伏日，赐从官肉，大官丞日宴不来，朔独拔剑割肉曰："伏日当早归。"

由此可见，伏祭在当时不仅是一个祭祀的节日，也是人们欢娱宴饮的日子。

社祭

社祭也叫祭社，主要祭祀社稷之神，以祈求丰年。古代把掌管土地和丰收的神灵称为"社神"，我国自上古以来，每年的春秋季节，都要举行祭社活动，而且这种活动

在民间流传广泛。到了周代，以立春、立秋后的甲日为祭社日；到了汉代以后，各个朝代的社日日期就有所不同了；从唐代开始，民间开始固定社日的日期，以立春、立秋后第五个戊日分别为春、秋的社日。在春秋这两个社日中，春社祈雨和五谷丰熟，秋社祈求百谷丰稔，并且向社稷神报功。祭祀了社稷神之后，人们还要进行饮宴行乐。在民间，社祭既是老百姓祈求丰年的活动，又是休闲欢歌的畅饮节日。在社祭中除了供社酒之外，人们按照习俗还要吃社饭、社肉、社糕、社粥和社面等。在这些作为祭社的祭品中，祭酒是最为重要的。祭神之后，人们就把这些祭品分了食用。在这些祭品中，人们把吃社酒当作神对自己的恩惠。所以，到了社日这一天，人们或拿着自家酿的酒，或拿着借来的酒，来到田间或大树下，设坛以酒祭社神。祭祀结束之后，人们就在原地畅饮，直到尽兴微醉而归。

延伸阅读

以酒换凉州

汉灵帝时，宦官张让为中常侍，不久又被封为列侯，把持着朝政。很多人想升官，但是却苦于见不到张让。孟佗不断贿赂张让的家奴，最终见到了张让。众人还以为孟佗与张让关系很好，于是就争着以珍宝贿赂他。孟佗把自己所得的全部给了张让，这使张让十分高兴。后来，孟佗又送给张让一斛葡萄酒，很快他就被任命为凉州刺史。

酒祭先祖的风俗

用酒来祭祀神灵、祖先的习俗，在中国历史悠久。古代社会，不管是皇家，还是普通老百姓都非常重视祭祖。皇家在祭祀祖先的时候，场面很大，仅祭祀用的酒器就有几十种，而且还要使用多种祭祀专用的酒。民间祭祀祖先，不讲什么排场，但酒水却少不了。

早在商周时期，人们就十分重视逝去的祖先，在周代的制度中，对祖先的祭礼做出了严格的规定。从汉代开始，墓祭之风就流行了，当时的朝廷还进一步完善扩展了对祖先祭祀的礼制。

古代民间祭祖酒礼

从两汉到魏晋隋唐时期，祭祀祖先的风俗与封建的祭祀礼制逐渐结合，并且不断在民间渗透，由此形成了以酒祭祀的民俗和礼制，并影响到全国各地的祭祀。元代，葡萄酒的酿造有了很大发展，这个时候人们祭祀祖先还出现了使用葡萄酒的状况。在古代，每逢农历正月初一、清明、冬至，民间都要举行祭祖活动。届

◆ 民间祖庙

◆ 战国时装祭祀用酒的酒器

时，一家之主要率领全家给祖先斟酒，并把酒洒在地上行醉酒礼，以祈求祖先的庇佑。古时每年的清明节，还有"饮福酒"的祭祖风俗，当天族长会率领全族长幼酒祭祖先，然后打扫祖墓。祭扫完毕后，由族长主持，集合全族至本族祠堂内，按辈分大小依次向祖宗牌位跪拜，并进香点烛烧纸献酒，祭毕按长幼尊卑就座，分食祭祖的酒菜，象征祖先赐福于子孙。

皇家酒礼

在古代，皇家祭祀祖先都是在宗庙中进行的。宗庙制度是人们崇拜祖先的产物，它是人们在阳间为祖先亡灵建立的居所。按照古代宗庙制，天子七庙，诸侯五庙，大夫三庙，士一庙，百姓不准设庙。宗庙的位置也有讲究，天子、诸侯设于门中左侧，大夫则庙左而右寝，庶民则是在寝室中灶膛旁设祖宗神位。另外，一些较大的宗族设有家庙，庙中祖先的神主是木制的长方体，在祭祀时才摆放，在祭祀的时候要设立祭器，而在祭器中酒器占有很大的比例。祭祀的酒和用品，不能直呼其名。

祭先师礼

皇家和民间除了酒祭自己的祖先外，还有酒祭孔子的习俗。从汉代开始，全国的郡县在每年三月，都要行祭孔仪式，祭孔之后举行酒会，届时学堂的师生都要开怀畅饮，尽兴欢聚。到魏晋以后，朝廷和民间以周公为先圣，孔子为先师。南北朝时，每年春秋两次举行释奠礼，各地郡学也设孔庙。到了唐代，人们尊孔子为先圣，颜回为先师，释奠已经很普及了。唐宋以后，人们一直沿用释奠，并且以此作为学礼来祭孔。明代称孔子为"至圣先师"，到了清代，朝廷以京师国子监为太学，立文庙，孔子被称为"大成至圣文宣先师"，这时候的庙制、祭器、乐器及礼仪都已成为祭祀制度。这时候祀礼规格也上升了，出现了奠帛、读祝文、三献奠酒的礼仪。

延伸阅读

曲部尚书汝阳王

唐玄宗长兄李宪的一个儿子名叫李琎，长得眉目清秀，为人谦虚谨慎，而且善于骑射。唐玄宗很喜欢他，于是就封他为汝阳王、太仆卿。他与贺知章、褚庭诲、梁涉关系很好，几人常在一起饮酒作诗。一次，在皇上面前，汝阳王脚不能动了，最后被人抬了回去。后来，他对皇上说："为臣喝了三斗酒壮胆，不想却成了这样。"汝阳王家里有造酒之法，名为《甘露经》。他在王府里开凿了一个渠来蓄酒，并且作金龟银鱼放在里面，作为酌酒的器具，他还自称为酿酒王兼曲部尚书。

酒祭神灵

在原始社会，万物有灵的观念逐渐形成，直至进入文明社会，这种观念依然保留在人们心里，而这也是祭天、祭地、祭山出现的原因。

祭祀天地始于夏商，当时出现"帝"崇拜，后来逐渐发展成为祭天。到了周代称之为郊祭，在冬至这天，国君要在国都的南郊圜丘举行祭祀。

祭天

封建社会的最高统治者为天子，祭天是为君权神授的最高统治者服务的。祭地是在夏至的时候进行，它的礼仪与祭天大致相同。最早时祭地是以血来祭祀的，后来使用酒食来祭祀。

祭山祈雨

祭山祈雨是我国的传统民俗，这种民俗与古代礼制有着密切的联系，历代都很重视祭山。东汉延熹七年（164年）就出现了以酒祭山的记载，当时常山国的相蔡伦等官吏，主持以酒祭山的活动。

后来，祭山祈祷风调雨顺作为一种礼制规定下来。如在唐代开元年间，政府就规定：

凡州县旱则祈雨，先社稷。又祈界内

◆ 天子祭天的场所——天坛

山川能兴云雨……若岳镇海渎，州刺史上佐行事。其山川，判司行事。县则县令、县丞行事。祈用酒脯醢；报以少牢也。

为了祈祷降雨，朝廷还专门对祭祀作了明确的规定，其中就包括使用什么酒、什么牲畜，由此形成了根深蒂固的祭山制度。这种制度世代沿袭，留下深深的烙印，民间在祈雨祭山时，也多使用祭酒行拜，以示虔诚。

五祀

中国古代还有五祀，五祀是指祭祀门、户、井、灶、中霤，也有作户、灶、中霤、门、行的。古人把五祀与五行、四季、五脏相互搭配，春祀户，夏祀灶，季夏（六月）祀中霤（中室），秋祀门，冬祭井。在汉魏时，则按季节行五祀，并且在孟冬之月总祭一次。到了唐、宋、元时，又采用"天子七祀"之说，祀司命、中霤、国门、国行、泰厉、户、灶，其中司命是宫中小神，它主督察人的年寿、行为、善恶；泰厉是无人祭奠的野鬼，主管人的生杀。明、清两代，仍祭五祀，于年末在太庙西庑下合祭。到了清康熙时，则免除了门、户、中霤、井的祭祀，只在腊月二十三祭灶。

高禖祭

高禖（音méi）祭是我国古代最为悠久的祭祀活动之一，源起于上古，一般认为是由生殖崇拜演化而来。它既是庄重肃穆的宫廷礼仪，又是万众狂欢的民间风俗。古代宫廷大多设专门的场合予以祭祀，民间也各有名称不同的高禖祭场，踏歌舞蹈，谈情说爱，气氛热烈奔放。其中的某些形式，至今

还保留在南方一些地区的传统节会中。

高禖之祭，设坛于南郊，后妃率九嫔等人都要参加。《汉书·武五子传》中记载，汉武帝生太子刘据就是祭高禖之功。

东汉时期，人们在腊日前一天祭高禖。此外，古人还祭先医，在元成宗时期，朝廷把三皇定为先医，令天下郡县祭祀。明、清沿用了这个体制，皆在皇宫的太医院里设殿祭祀。每年仲春的上甲日，皇帝派遣重臣官或太医院的主管官员主祭，全体太医陪祀。在古代这些祭祀神灵的礼节中，不管是王公贵族、士大夫主持的祭祀，还是一般的民间祭祀，都有一个共性，那就是要先行酹酒，后宴饮。在祭祀神灵酹酒前，主祭人手举酒盅，恭敬肃穆，神色庄重，口中念念有词，向神灵祝祷，然后把盅中的祭酒，在地上分洒三点，再把盅中余酒洒在地上，形成一个半圆形，这样就酹成了三点一长钩的"心"字，寓意为心献，希望神灵享献。

第四讲　酒祭与酒俗——天有大道人有伦

79

第五讲

酒馔文化——觥筹交错宾客欢

皇家酒宴文化

古代宫廷御膳是中国食文化中的珍宝。几千年来，宫宴的形成和发展，对我国饮食文化的丰富与发展起到了重要作用。在皇权统治下，各种廷礼都突出了皇权的至高无上，带有维护统治的目的，酒宴也不例外。

《酒诰》中说："历代悠远，经史弥长，上自三皇，下到五帝，虽曰圣贤，亦咸斯尝"，意思就是帝王和圣贤早就与酒有缘。这里介绍几种皇家的酒宴。

养老宴

养老宴是古时君主为年老致仕者举行的宴会。古代设三老五更之位，天子以父兄之礼养之。《宋史·礼志·嘉礼四》中记载：

养老于太学，皇帝服通天冠、绛纱袍，乘金辂，至太学酌献文宣王，三祭酒，再拜，归御幄。尚酝奉御诣酒尊所，取爵酌酒，奉御执爵，奉于三老。次太官、良酝令以次进珍馐酒食于五更、群老之前，皆食。

章华宴

章华宴指春秋时楚灵王在章华台举行的宴会。《左传·昭公七年》记载："楚子成章华之台，愿与诸侯落之。"《后汉书·边让传》中边让《章华赋》："(楚灵王)于是遂作章华之台……设长夜之淫宴，作壮里之新声。"

凌虚宴

凌虚宴指北齐文宣帝举行的宴会。该宴以香菌为主菜。唐冯贽《云仙杂记》四引

《自庆传》所记："齐文宣帝凌虚宴取香菌以供，品味广，唐则出于石首、铜宫等处，有铜钉菌、分丝菌。"

临光宴

临光宴指唐玄宗于上元节(正月十五日)在常春殿举行的宴会。唐冯贽《云仙杂记》二引《影灯记》所记："正月十五夜，玄宗于常春殿，张临光宴，白鹭吐花，黄龙吐水，金凫，银燕，浮光洞，攒星阁，皆灯也。奏《月分光曲》，又撒闽江锦。荔枝千万颗，令宫人争拾，多者赏以红圈帔、绿晕衫。"

宋代大宴

宋代大宴是宋代朝廷每逢国有大庆而举行的大型宴会，遇有大灾或瘟疫则罢之，有春秋大宴和饮福大宴两种。春秋大宴始于宋咸平三年(1000年)，饮福大宴始于宋乾德元年(963年)。

宋皇寿筵

宋皇寿筵指宋代每年十月十二日为皇帝举行的寿宴。是日清晨，皇亲国戚、文武百官及外邦使节进宫祝寿，礼仪隆重。寿

◆ 清代皇帝赐宴的场景

宴开始时，教坊司乐人奏乐，仿效百鸟鸣声，宾主依次入席。三至五人共一桶美酒，大辽使臣特别优待，另加各色熟肉。餐具全金、银、漆、瓷制品，皇帝用玉杯，贵宾用金杯，其他人用银杯。开宴时，钟鼓齐鸣，高奏雅乐，依次饮九杯御酒。饮一次酒，上一次菜，演一种节目(杂技、歌舞、杂剧、足球、摔跤等)。宴毕，每人簪戴宫花，献舞的四百名女童骑马游街，沿途观者如潮。

次宴

次宴是宋代皇帝寿辰所设之喜宴。宋高承《事物纪原·治理政体部·次宴》所记："今圣节后大宴，日次宴。"《宋朝会要》："建隆元年(960年)二月，以长寿节大宴广德殿。圣诞节大宴，自兹始也。"

定鼎宴

定鼎宴指清代皇帝在改元建号时举行的宴会。始于太宗崇德元年(1636年)。顺治元年(1644年)清世祖定鼎燕京，在皇极殿举行宴会，这是清入关后的第一次大宴。

延伸阅读

乾隆千叟宴

乾隆五十年 (1785年)，四海升平，天下富足。适逢清朝庆典，乾隆帝为表示其皇恩浩荡，在乾清宫举行了千叟宴。宴会场面之大，实为空前。被邀请的老人约有三千名，这些人中有皇亲国戚，有前朝老臣，也有从民间奉诏进京的老人。在座老人中有不少是饱学鸿儒，当众吟诗联句，即席用柏梁体选百联句被史官记录入史。乾隆皇帝还亲自为90岁以上的寿星一一斟酒。当时推为上座的是一位最长寿的老人，据说已有141岁。乾隆和纪晓岚还为这位老人做了一个对子："花甲重开，外加三七岁月，古稀双庆，内多一个春秋。"根据上联的意思，两个甲子年120岁再加三七二十一，正好141岁。下联是古稀双庆，两个七十，再加一，正好141岁。

第五讲 酒馔文化——觥筹交错宾客欢

83

古代官场酒宴文化

古代官场的宴会种类繁多，名目各异，又各有特点，其目的都带有一定的政治色彩，承载着特殊的意义。

中国人历来崇尚无酒不成礼仪，呼朋唤友，把盏言欢，这本是人之常情，社会之常态。但这种境界只能对老百姓或者君子之间的交往而言，如果是官场中的酒宴则别有玄机了。

选举宴

选举宴是为选拔人才而设置的专宴，从先秦的射宴发展到隋唐以后的科举之宴，乃至今天的高考宴、升官宴，清晰地描绘出中国选举宴的发展轨迹。科举之宴，实际上是主考官(座主)与同年进士之间的联谊活动。

曲江宴

曲江宴又称杏园春宴。指唐代科举考试结束后，由皇帝为新科进士举行的宴会。起初，进士放榜后，新科进士集会于曲江池旁杏园，故称曲江宴或杏园春宴，宴后赴慈恩寺塔下题名。自中宗神龙后，改由皇帝赐宴，至玄宗开元末极盛。

闻喜宴

闻喜宴是唐宋时为新科进士及诸科及第者举行的庆贺宴会，它是在曲江宴基础上发展起来的，后唐天成二年(927年)，明宗布诏新进士闻喜之宴，年赐钱四百贯。至北

宋端拱元年(988年)，太宗纳知贡举宋白的建议，规定由朝廷设宴。宴进士和宴诸科及第分两日举行，宴会上最初由皇帝及大臣赐诗，以示恩宠；后改为宣读诏书，以示训诫。因宋代曾设宴汴梁(今河南开封)城西琼林苑，故又称"琼林宴"。

恩荣宴

封建科举时代皇帝举行殿试宣布名次后为新科进士举行的庆祝宴会，称为恩荣

◆ 杏园宴

◆ 官宴时用的酒壶

宴。元代仿唐宋闻喜宴,设宴于翰林院并始有其名。明清设宴于礼部,于翌日举行,宴会由钦命大臣一人为主席,读卷大臣、礼部尚书、侍郎、众考官均参加宴会。同时伴有歌乐,依官员高低、登第名次行酒,随意斟取。至清末,恩荣宴渐渐流于形式。

关宴

关宴又称"离会"。唐代进士登科应吏部考试后,在曲江举行的宴会。五代王定保《唐摭言·述进士》所记:"大宴于曲江亭子谓之曲江会,曲江大会在关试后,亦谓之关宴,宴后同年各有所之,亦谓之离会。"

鹿鸣宴

鹿鸣宴是封建科举时代,地方长官每年仲冬为新科举人举行的庆贺宴会,始于唐代。乡试完毕后,由州县长官以乡饮酒礼宴请考官、属僚、宾客以及新科贡士。张乐备席,牲用少牢,唱《诗经·小雅·鹿鸣》,故称鹿鸣宴。宋代殿试以后为文武两榜状元设宴,同年团拜,亦称鹿鸣宴。清代乡试放榜次日,巡抚于衙门宴请考官及中举士人,行举人谒见考官礼。清代此宴会馔肴尚丰

盛,后流于形式,仅有淡酒一杯。

乡试宴

乡试宴是清代为通过乡试的士子而举行的宴会。《清史稿·礼志·嘉礼》所记:"又顺治中,定制乡试宴顺天府。会试及进士传胪宴礼部。"

会武宴

会武宴指清代为武科新科进士举行的庆贺宴会。武科殿试完毕后宣读皇帝诏命,由兵部官员将武榜公布于西长安门外,次日,兵部设宴,称会武宴。兵部大臣、监考官以及新科武进士皆参加宴会,并赏武状元盔甲、腰刀、靴袜等装束,其余中试者赏银两。

鹰扬宴

鹰扬宴是清代为武科乡试新举人举行的庆贺宴会。武士之勇如鹰之飞扬,故名鹰扬宴。一般在武科乡试放榜翌日举行,宴武科考试各监考官、执事及中式武举人。

古代国宴文化

国家元首或政府首脑为了庆祝盛大节日或招待使臣而举行的宴会叫国宴。国宴的气氛庄重而热烈。古代国宴常常设置钟鼓之乐，诗歌舞蹈，渲染欢腾热闹的宴席气氛，表现中华泱泱大国的博大气势和风范。

所谓国宴就是国家元首或政府首脑为招待国宾、其他贵宾或在重要节日为招待各界人士而举行的正式宴会。在封建社会，国宴又有着很多特殊形式，有的用来慰问使节，有的用来犒劳将士。

酺宴

古代法律禁止聚众饮酒，聚饮往往要得到帝王的诏许。酺宴因此成为帝王颐养天下、布施皇恩的一种政治怀柔手段，酺宴一般在改元换代、皇宫大事、天下大事、天垂吉相等情况下举行，规模较大，短则赐酺一日，长则大酺七八日。

醵宴

醵宴又作"赐醵"，指皇帝下诏特许臣民聚饮之宴，始于秦代。秦律：三人以上聚饮则罚金；朝廷若有庆祝之事，特许臣民聚饮，称赐醵。后历代王朝，遇新皇帝登基、帝后生日、丰收、平定叛乱等国之大庆

◆ 清代皇帝在赐宴上形成了制度，图为清代《万树园赐宴图》。

事，常行此宴。

鸣玉宴

鸣玉宴是春秋时晋定公为招待楚大夫而举行的宴会。宴中赵简子鸣佩玉为礼，故称鸣玉宴。《国语·楚语下》记载："王孙围聘于晋，定公飨之，赵简子鸣玉以相。"三国吴韦昭注："鸣玉，鸣其佩玉以相礼也。"

出师宴

出师宴是军宴之一，出师的饮酒风习在中国已延续几千年。曹操定汉中后，分兵去救合肥。东吴趁曹军扎营未定，急派甘宁领兵劫寨。为鼓士气，吴王孙权亲赐美酒50瓶。大将甘宁先用银碗斟酒自饮两碗，然后对众将士说："今晚奉命劫营，请诸公满饮一觞，努力向前！"说罢又同诸将士共饮，直到酒尽食绝。结果将士们无不奋力杀敌，曹军望风而逃。

南宋国宴

南宋时期，宋金对峙，两国使节经常往来，宋在临安(今杭州)皇宫集英殿上为金使举办礼节性宴会。该宴在菜点铺排上，较注意北方游牧民族的食性。宋陆游《老学庵笔记》记载：

集英殿宴金国人使，九盏：第一肉咸豉，第二爆肉双下角子，第三莲花肉油饼骨头，第四白肉胡饼，第五群仙炙、太平毕罗，第六假圆鱼，第七奈花索粉，第八假沙鱼，第九水饭咸豉旋蚱瓜姜。看食：枣子、髓饼、自胡饼、环饼。

皇帝与国宴

皇帝作为专制主义国家的最高统治者，一举一动，包括饮酒吃饭，都是政治生活的大事，是关系到国家盛衰存亡的特殊标志，道教称神仙宴会为"玄谯"，也被借指御宴。御宴常常是帝王特赐的，分为"内宴"、"曲宴"、"朝宴"、"买宴"等。"内宴"是以皇帝名义主办，皇宫承办，皇帝在皇宫内为内外大臣设的酒宴。"曲宴"也称"内燕"，由皇宫特召宫人办的酒宴。"朝宴"是君臣之间在朝廷大礼时的酒宴。"买宴"是皇帝主办，群臣赞助的御宴。此外还有聘礼之宴等。

凡礼必有宴，军中有军礼，也必有军宴。军旅出征前祭旗，饮酒；战前有犒宴，战后有赏宴，平时有军幕之宴，丰富士兵们的生活。政府首脑们非常重视军事，常常亲临军中，赐以军宴，如军事演兵，执政党驾临检阅，赐官兵大酺；军士出征，皇帝驾临饯行，谓之"临钱"，以壮行色；凯旋班师，皇帝驾临庆贺，赐庆功宴。

延伸阅读

唐太宗赐醋

据传，这个典故出自唐朝的宫廷，唐太宗为了笼络人心，要为当朝宰相房玄龄纳妾，房氏之妻出于嫉妒，横加干涉，就是不让。太宗无奈，只得令房氏之妻在喝毒酒和纳小妾之中选择其一。没想到房夫人确有几分刚烈，宁愿一死也不在皇帝面前低头。于是端起那杯"毒酒"一饮而尽。当房夫人含泪喝完后，才发现喝的不是毒酒，而是带有甜酸香味的浓醋。从此"吃醋"便成了嫉妒的代名词。

家宴酒文化

如果说国宴与官场酒宴是国与国、官与官之间的一种沟通手段，那么家宴则充满了亲情与温情。

家宴指人们在家中聚餐或在家中设宴招待客人。宴席上一般无繁琐礼节，菜肴亦无固定程式，与宴者可自由交谈。

送别宴

家宴中的别宴是送别设宴，可以追溯到先秦时期的"祖祭"。此祖非祖宗之"祖"，而是祭祀道路之神。《诗经·大雅·韩奕》云："韩侯出祖，出宿于屠。显父践之，清酒百壶。"先秦时期，人们远行，必先设酒祭祀道路之神，以祈求旅途平安。后来发展成送别时设宴践行，称"践宴"、"祖宴"、"离筵"。他们举的是离樽、离杯、离觞，饮的是离酒、别酒，包括周围一切环境，都点缀着离愁别绪的色彩。

婚嫁宴

男婚女嫁，天经地义。然而婚嫁过程中，倘若没有酒，没有宴，是难以玉成其事的。相亲要有相亲宴，定亲要设定亲宴，吃

◆《红楼梦》中描绘的贾母举行家宴的场景

◆ 宋墓壁画里夫妇宴饮图

平辈或幼辈之女子陪之。红椅披垫，加桌帷而燃红烛，礼极隆重。新娘装束完毕，先由人搀扶至主前厅辞家堂，主厨房辞灶司，至前厅辞祖先，再辞父母及诸亲。行礼时，搀扶人必须逐一指名称呼，而曰小姐告辞。就座之后，新娘之母，按例为新娘斟酒并训之以词。现在一般不举行此类宴会。

便宴

便宴又称"便筵""便饭"，指一种比较简略随便的非正式宴请的宴席。客主之间关系较为亲密，不拘礼节。

"肯酒"，又叫"许口酒"，表示定亲之事，已蒙首肯。定亲之后，男女两家还要礼尚往来。遇到时年三节，男家用冠花彩缎合物酒果相送，谓"追节"；倘若儿女襁褓时即缔结姻缘，男家为女家置羊酒三载。男方迎娶时，要送"撞门酒"；女儿陪嫁要送"女儿酒"。

喜宴

喜宴又称"喜筵"，指为庆贺喜庆之事而开设的宴会、宴席，一般指男女结婚举办的宴席，旧时还包括为考中进士、举人的学子举行的宴席。

辞家宴

辞家宴又名"别亲酒"，指女子出嫁前一日，女家备席以请新娘。新娘首座，而令

第五讲 酒僎文化——觥筹交错宾客欢

89

游乐酒宴文化

古时候人们为了娱乐，设置了许多娱乐酒宴，有的饮酒作诗、有的行酒为乐，成为一道亮丽的风景线。

名人士子或者皇亲国戚都喜欢游乐，根据个人爱好不同，游乐宴的形式也丰富起来。

水宴

传说周穆王曾驾八骏远游，作客于西方，西王母在瑶池为之举行宴会，并为穆王唱白云之歌。这是文献中最早出现的宴会记录。《全唐诗》中杜正伦的《玄武门侍宴》云："谬陪瑶水宴，仍厕柏梁篇。"此宴被称为水宴。

◆ 敦煌壁画宴饮图

高阳宴

高阳宴指晋征南将军山简镇守襄阳时，常在高阳池举行宴会，并大醉而归之事。南朝宋刘义庆《世说新语·任诞》刘孝标注引《襄阳记》云："汉侍中习郁于砚山南，依范蠡养鱼法，作鱼池，池边有高堤，种竹及长楸，芙蓉菱芡覆水，是游宴名处也。山简每临此池，未尝不大醉而归，曰：'此是我高阳池也。'"

钱龙宴

钱龙宴是唐时名宴。唐代洛阳人于三月三日上巳节作钱龙宴。宴席周围结钱成龙，四周撒珍珠积数寸，并以妓女行酒为乐。

探春宴

探春宴指唐时长安士女每至正月半后到园圃或郊野中所设的宴席。五代王仁裕《开元天宝遗事》云："都人士女，每至正月半后，各乘车跨马，供帐于园圃，或郊野中，为探春之宴。"

船宴

船宴是旧时上层社会的一种宴会形式。设宴于游船上，或款待宾客，或与同僚家人聚饮。菜肴可在船上烹调，也可先向饭

◆ 探春宴图

馆预定，届时送至船上。《全唐诗》中花蕊夫人《宫词》云："厨船进食簇时新，侍宴无非列近臣。日午殿头宣索鲙，隔花催唤打鱼人……半夜游船载内家，水门红蜡一行斜。圣人止在宫中饮，宫使池头旋折花。"

红云宴

红云宴始于五代南汉，是每年荔枝熟时帝王举行的宴会。因席上及窗台墙壁都放有荔枝，望之若红云，故有此称。宋陶谷《清异录百果门》中有专门记载。

头鱼宴

头鱼宴为辽制，皇帝亲自到达鲁河或鸭子河垂钓，捕得头鱼后即设宴与群臣欢庆，故称头鱼宴。《辽史·天祚记》记载："（天庆二年）二月丁亥，如春州，幸混同江钓鱼，界外生女直酋长在千里内者，以故事皆来朝。适遇头鱼宴，酒半酣，上临轩，命诸酋次第起舞。"

头鹅宴

头鹅宴是辽习俗，辽代皇帝亲自捕鹅，先由猎人到有鹅之地，举旗为号，令周围击扁鼓以惊鹅，之后由皇帝放鹰捕捉，得鹅用刺锥将之刺死。群臣献酒，并插鹅毛于头上，置酒摆宴欢庆。故称之为头鹅宴。

斗巧宴

斗巧宴是元代后宫于七夕后一日举行的宴会。明陶宗仪《元氏掖庭记》所记："武宗至大中，洪妃宠于后宫。七夕，诸妃嫔不得登台，台上结彩为楼。妃独与宫官数人升焉。剪彩散台下，令宫嫔拾之，以色艳淡为胜负。次日设宴大会，谓之斗巧宴。"

延伸阅读

裴度举筵复得印

裴晋公在中书，左右忽白以印失所在，闻之者，莫不失色，度即命张筵举乐，人不晓其故，窃怪之，夜半饮酣，左右复白以印存焉，度不答，极欢而罢。或问度以其故，度曰："此出于胥徒盗印书券耳，缓之则存，急之则投诸水火，不复更得之矣。"时人服其弘量，临事不挠。

裴度失相印，却坦然自若，大张筵席，奏乐饮酒。后相印失而复得。裴度这种欲擒故纵的做法，在政治上实在高明得很。

第六讲
酒典与酒事——酾酒临江话青史

秦穆公：以酒为器霸西戎

秦穆公，名任好，春秋时秦国国君。他任用百里奚、蹇叔、由余为谋臣，击败晋国，俘获晋惠公。后来，他在崤(今河南三门峡)被晋军击败，随后转向西面发展，攻灭了西边的十二国，称霸西戎。他一生的功业，为秦国的雄起作了扎实的铺垫。

秦穆公是春秋时期一位雄才大略的君主，他不但善用人才，而且还善于用酒结交朋友，更善于用酒软化自己的敌人。

穆公不惩"盗马贼"

一次，秦穆公乘着马车出行，走到半途，丢失了车右边的一匹骏马。这匹马被当

◆ 秦穆公

地的一群人捉去了，穆公亲自到各处寻找，最后发现这些人躲在岐山的南面，正在烤马肉吃。穆公一看，正是自己丢失的那匹骏马。一旁的侍从抓住他们，要处死他们，穆公却说："不要这么做，君子不能因为一头牲畜而伤害人。我听说吃马肉时不喝酒，会伤身体。"于是他命令侍从赐酒给这些人喝。

第二年，秦国发生了饥荒，晋国派出军队攻打秦国。双方在韩原展开了一场大战。在战争中，晋国士兵已经包围了穆公，穆公战车左边的马也被扣住了，右边的马又遭到飞石的袭击，穆公所穿的铠甲也被击破了多处。正在危急之际，突然冲出一群人，与晋人进行激烈的搏斗。最后，不仅穆公得救，晋兵大败，这些人还帮秦军俘获了晋惠公。这些突然出现的人正是曾经偷吃穆公马肉的人，他们感恩图报，在关键时刻挺身而出，救了穆公。

秦军生俘晋惠公后，周襄王和穆姬不断在中间说情，之后秦穆公与晋惠公重新结

◆ 秦国战车

盟。晋惠公送太子圉到秦国为质子，并把黄河以西的地方献给秦国，秦的东部疆界扩至龙门。晋惠公死后，秦穆公帮助公子重耳回国，是为晋文公。从此，秦晋交好。晋文公去世后，秦晋交恶，两国大战，秦国失败。

美酒溺化绵诸王

秦国东进的路，被晋国阻止之后，转而向西发展。当时，西边有许多戎狄的部落和小国，如昆戎、绵诸、翟、义渠、乌氏、朐衍戎等，他们各有君长，不相统一。常常突袭秦的边地，抢掠粮食、牲畜和人口。秦穆公向西发展，采取了先强后弱，次第征服的策略。当时，西戎诸部落中较强的是绵诸和义渠，绵诸国王的驻地就在秦的故土附近。绵诸王听说秦穆公贤能，派了使者去秦国。秦穆公隆重接待来使，向他展示秦国壮丽的宫室和积储以及西戎的地形，并挽留使者在秦国居住。同时，秦穆公给绵诸王送去很多美女和美酒，以及动听美妙的秦国音乐和舞蹈。此后，绵诸王终日饮酒享乐，不理政事，国内大批牛马死亡，也不加过问。这时，秦穆公让使者回国，使者劝谏绵诸王戒除酒色，他却丝毫不加理会。后来这个使者归向了秦国，秦穆公以贵礼接待，和他讨论

征服西戎的策略。

不久，秦军出兵征西戎，很快就包围了绵诸，并且在酒樽下活捉了绵诸王。秦穆公乘胜前进，使二十多个戎狄国都归服了秦国。自此，秦国辟地千里，国界西达狄道（今甘肃临洮），东到黄河，南至秦岭，北至朐衍戎（今宁夏），周襄王派遣人送金鼓给秦穆公，以表示祝贺，这件事在历史上称为秦穆公霸西戎。

吕不韦：化酒为棋助秦业

吕不韦，战国末年著名商人、政治家、思想家，后为秦国大臣，卫国濮阳（今河南濮阳滑县）人。他以"奇货可居"闻名于世，曾辅佐秦始皇登上王位，任秦朝相邦，号称"仲父"，并组织门客编写了著名的《吕氏春秋》。

吕不韦以一个珠宝商的投机心理进行谋政成事所走的四步棋，均与酒有关。

酒宴识异人

吕不韦到赵国邯郸经商时，偶然在酒宴上遇到异人，即在那里充当人质的秦国公子子楚。子楚虽被拘于赵国，穷困潦倒，但仍隐存贵族之气。吕不韦暗自称奇，便询问旁人此人是谁？旁人就告诉他："这是秦

◆ 吕不韦像

王太子安国君之子，现囚禁于丛台，潦倒如穷人，因秦王屡犯赵境，赵王几乎要将他杀掉。"吕不韦听后不禁叹息道："这真是奇货可居啊！"

于是他便请监视子楚的公孙乾喝酒。后来，公孙乾设酒宴招待吕不韦，吕不韦就乘机建议子楚一起喝酒。其间，在公孙乾如厕时，不韦低声问子楚："如今秦王已老了。太子所爱的是华阳夫人，但夫人无子，殿下何不请求回秦，做华阳夫人之子，这样你将来不是还有继承王位的希望吗？"子楚含泪道："说到故国，我心如刀割，奈何现无脱身之计。"吕不韦就把自己的下一步计划告诉了子楚。子楚感激涕零，并发誓将来荣享富贵，一定分一半给吕不韦。公孙乾回席后，又加菜添酒，三人喝到尽兴而散。

酒宴献美姬

吕不韦买通华阳夫人，使她认子楚为子。之后，酒助吕不韦实现其献美之谋。吕不韦在赵国经商时，娶邯郸美女赵姬为妾，这时她已怀孕两个月。吕不韦心想，若将赵

◆ 《吕氏春秋》书影

姬嫁于子楚，并生得一子，便是我的骨肉。如果他继承王位，那嬴氏的天下岂不是由吕氏执掌了吗！于是他又设宴款待子楚。待饮酒至半醉之际，吕不韦说："我新纳一小妾，能歌善舞，何不令她出来助兴呢！"于是唤早在门外待命的赵姬进来。子楚看到赵姬轻盈的体态和妖艳的舞姿，顿时心迷神乱，就假装喝醉地说："我孤身一人，甚感寂寞，若能得赵姬为妻，则足慰平生之愿。"当即请求吕不韦将赵姬让给他，并对天发誓："如能继任王位，必立她为后，决不反悔。"吕不韦就此顺水推舟，成全了子楚，其实这是吕不韦为子楚设下的陷阱，要的就是他主动上钩。

醇酒醉守卒

随着秦、赵两国战争的升级，在战争中吃了大亏的赵国想杀死子楚以报复秦国。吕不韦感到，若子楚再不及早回秦必夜长梦多，万一有所闪失，岂不是前功尽弃了吗？这时，赵国已加强了对子楚的监管，吕不韦用三百金贿赂南门守将，又送一百金给公孙

乾，用重金打通了各种关节，为子楚逃离赵境做了充分准备。最后，吕不韦认为要"摆平"公孙乾，还得用酒，就设宴请公孙乾喝酒，将其灌得烂醉如泥，又给左右将士吃肉喝酒，使他们个个醉饱安眠。吕不韦这才趁着夜幕，带着子楚和赵姬直奔秦国，见到了秦昭襄王，后又至咸阳见到太子安国君和华阳夫人。至此，吕不韦的全盘计划基本完成。

华阳夫人的"枕头风"果然有效。安国君一登上王位，就封子楚为太子。安国君在位不到一年就驾崩了，子楚顺利登上了王位。他没有食言，让吕不韦出任宰相，封文信侯，食洛阳十万户，并立赵姬为王后。吕不韦就此名利俱获、显赫一时。而赵姬到秦国的次年真的生了一个男孩，取名嬴政，后来嗣为秦王，他就是兼并六国，一统天下的秦始皇。

延伸阅读

《吕氏春秋》

《吕氏春秋》是秦国丞相吕不韦主编的一部百科全书，又名《吕览》。此书共分为十二纪、八览、六论，共十二卷，一百六十篇，二十余万字。《吕氏春秋》保存着先秦各家各派的不同学说，还记载了不少古史旧闻、古人遗语、古籍佚文及一些古代科学知识，其中不少内容是其他书中所没有的。《吕氏春秋》深得人们的好评，司马迁称它"备天地万物古今之事"。在《报任安书》中，甚至把它与《周易》、《春秋》、《国语》、《离骚》等相提并论。

刘邦：鸿门假醉脱虎口

秦朝末年，政治黑暗，统治残暴，陈胜、吴广发动大泽乡起义，率领农民军占领了不少城池。不久，项羽和刘邦起兵反秦。楚汉帝约定先入关者为王，结果刘邦先到咸阳。刘项之间为了权力和地盘钩心斗角，发生了历史上著名的"鸿门宴"事件。

秦末各路英雄起兵，刘邦先进入咸阳，他手下的左司马曹无伤向项羽告密，说刘邦进入咸阳想在关中称王。项羽大怒，准备率兵攻打刘邦的军队。

沛公谢罪

刘邦非常惊恐，彼时他只有10万军队，项羽却有40万大军。刘邦采纳了张良的

◆ 汉高祖刘邦雕像

计策，亲至项羽的驻地鸿门谢罪。项羽听说刘邦来谢罪，就开宴招待他。宴席上范增、项伯、张良作陪。项羽的谋臣范增多次对项羽使眼色，要他下决心杀掉刘邦，可是项羽总是默默地装作没看见。于是，范增就借个因由走出营门，找到项羽的堂弟项庄，说："大王心肠太软，不忍下手。现在你快进去，上前敬酒，然后请求舞剑助兴，趁机把沛公刺死。不然，我们这些人将来都会落在他手里！"

项庄舞剑

项庄以舞剑助兴为名去刺杀刘邦。项伯猜到项庄的用意，起身说："咱们两人来对舞吧。"说着，也拔剑起舞。他一面舞剑，一面用自己的身子遮蔽住刘邦，使项庄刺不到刘邦。

这时候，刘邦的谋臣张良到外面找樊哙。樊哙一见，忙问："现在的情况如何？"张良说："危急得很！现在项庄拔剑起舞，用意是刺杀沛公。"樊哙跳了起来说："这太危急了！让我进去，跟沛公同生

◆ 张良

死！"他右手提着剑，左手抱着盾牌，直往军门冲去。卫士们想拦住他，樊哙拿盾牌一顶，就把卫士撞倒在地。他拉开帐幕，闯了进去，气呼呼地望着项羽，恼怒得头发都竖了起来，眼睛瞪得大大的，连眼角都要裂开了。

项羽看见樊哙进来，按着宝剑，挺直上身问："这是什么人，到这儿干什么？"这时候，张良也跟了进来，解围说："这是替沛公驾车的参乘樊哙。"项羽说："好一位壮士！赏他一杯酒！"樊哙接过一大碗酒，一口气喝光。接着，项羽又赏他一只猪肘。樊哙把盾牌放在地上，再把猪肘放在上面，用剑一块块地切下来吃。项王说："真是壮士！还能喝酒吗？"樊哙说："我死都不怕，区区一杯酒算得了什么！我有几句话奉劝大王，秦王残暴如虎狼，杀人唯恐不多，处罚人唯恐不重，因此天下人都反对他。当初，怀王跟将士们约定，谁先入关，谁就封王。现在沛公入了关，可并没有做王。他封了库房，关了宫室，把军队驻在灞上，天天等将军来。像这

样劳苦功高，没受到什么赏赐，将军反倒想杀害他。这是在走秦王的老路呀，我认为大王不应该这样做啊！"

项羽只好说："坐吧！"樊哙就座。过了一会儿，刘邦假装上厕所，樊哙也跟了出来。他们几个人商量后决定逃走，留下张良献礼。

假醉脱身

刘邦走了好一会，张良才进去向项羽说："沛公酒量小，刚才喝醉了，所以就先回去了。他命我奉上白璧一双献给将军，玉斗一对送给亚父。"项羽接过白璧，放在座席上。范增非常生气，接过玉斗，随手摔在地上，并且拔出剑来，气愤地说："唉！真是没用的小子，没法替他出主意。将来夺天下的一定是刘邦，我们这些人被俘的命运，今天已经注定了！"

延伸阅读

"高祖还乡"和酒酣唱"大风"

刘邦平淮南王黥布叛乱，班师路过故乡沛县。在沛宫大摆酒宴，把父老乡亲都请来喝酒，同时，挑选一百二十名儿童，教他们唱歌。酒喝到畅快的时候，刘邦击着节，唱起自编的一首歌："大风起兮云飞扬，威加海内兮归故乡，安得猛士兮守四方！"让儿童们都跟着学唱。在席间，刘邦又跳起了舞，舞毕，他感慨伤怀道："远游的人，总是思念自己的故乡。我虽然建都在关中，但日夜思念着家乡，即使千秋万岁后，我的魂魄也要回到故乡来。所以我把沛县作为汤沐邑，免除沛县百姓的徭役，让他们世世代代不受此苦。"沛县的乡亲十分高兴，天天陪刘邦开怀痛饮。刘邦要走时，全城的人都送牛酒给刘邦送行。刘邦叫人搭起帐篷，又与大家痛饮了三天。这就是历史上有名的"高祖还乡"和高祖酒酣唱"大风"的故事。

灌夫：逞酒骂座丧性命

在汉以前，因为饮酒而亡国者不乏其人，这些国君大多是昏庸贪于酒色之徒。在西汉，灌夫因酒话而丧掉性命，并且牵连到了自己的家人和族人。

灌夫是西汉时的一员大将，颍阴人。在平定七国之乱中立有大功，被授为将。灌夫喜好饮酒，但是有一个最大的缺点就是爱借酒使性。

田蚡假意拜魏侯

灌夫与长乐卫尉窦甫饮酒，酒醉后把窦甫痛打了一顿。窦甫是窦太后的弟弟，皇上怕太后害灌夫，就把他调任到燕地当相。这次的祸患是免了，但是不久他又得罪了丞相田蚡，田蚡以外戚身份封为武安侯，权势非常大。灌夫有个生死之交，就是以军功封为魏其侯的窦婴。有一次，灌夫来到田蚡家做客，田蚡对他郑重地说："咱们一起去拜访魏其侯。"灌夫高兴地说："好啊！我去通知魏其侯，让他准备酒菜，希望丞相明天早点来！"灌夫回去后，把丞相要来访的消息告诉了魏其侯。魏其侯和他的夫人买酒买菜，洒扫庭院，忙碌着准备酒席。第二天一早，魏其侯又派人在门外伺候。

到了中午时分，魏其侯还没看到田蚡的影子，于是对灌夫说："恐怕丞相忘记了，你可去催请一下。"灌夫很不高兴地来到田蚡家，见田蚡还在睡大觉。原来田蚡说去

◆ 汉代饮酒对坐画像砖

魏其侯家，只不过是一句戏言，根本没当回事。他见到灌夫就假装惊讶地说："我昨天

喝醉了，忘了和你说的话。"灌夫听了后，就更加不高兴。在路上田蚡又慢慢腾腾，这令灌夫更加愤怒。到了魏其侯家，三个人一起喝酒行乐。在酒席上，灌夫起舞，舞毕，按照仪节，田蚡应该续舞，可他却置之不理，这更激怒了灌夫。于是，灌夫在酒桌上用言语讽刺田蚡，田蚡虽表面上不加理睬，但心里却很不是滋味，把此事记在了心里。

田蚡仗势索田

田蚡派籍福向魏其侯索取城南的田地，窦婴坚决不同意，生气地对籍福说："朝廷虽然不用我，但是丞相也不能以自己的权势来强夺我的田产啊！"灌夫知道这件事情后也怒骂了籍福。籍福怕双方因此加深矛盾，把窦婴和灌夫的事隐瞒了，回去后对田蚡说："窦婴年老将死，丞相就暂时忍耐一时。"不料，时间不长，田蚡得知了实情，愤愤不平地说："窦婴的儿子曾经杀了人，是我救了他。我为他做了很多事情，他为什么还要吝惜这数顷田呢？况且灌夫是什么东西，他也敢来从中阻挠！难道他不把我放在眼里，我就不敢重提索要田产的事吗？"自此之后，田蚡更加怨恨灌夫了。

灌夫骂座

田蚡娶了燕王儿子的女儿为妻，皇太后下诏令，让所有的公卿大臣都去祝贺。窦婴要灌夫一起去，灌夫却说："我自己饮酒使性，几次都得罪了丞相，现在他与我有隔阂，我还是不去的好。"窦婴说："这件事情已经过去了。"于是就硬拉着灌夫一起去。在酒席间，田蚡站起来向人敬酒，座客都避席，表示恭敬。窦婴站起来向大家敬酒，只有几个人避席，其余不过稍稍欠身。灌夫看了很不高兴，于是就拿起酒杯走到田蚡面前敬酒，田蚡只欠身说："我不能喝满杯。"灌夫大怒，强笑着说："丞相真是贵人啊！请喝干杯子里的酒！"田蚡却没有喝他的敬酒。

灌夫依次敬酒到临汝侯面前，临汝侯正和程不识附耳密语。灌夫正有气无处发泄，就大骂临汝侯："你平日诽谤程不识不值一文，今天我作为长者来敬酒，而你却学起女人的样子，唧唧哝哝地说个不休！"这时候田蚡对灌夫说："程不识和李广都是官府里的卫尉，你这样羞辱程将军，难道就不给李将军留些脸面吗？"灌夫说："我今天早已经准备死了，还管什么李广啊！"在这样尴尬的场合下，客人们都托言上厕所，陆续溜走了。田蚡被激怒了，他说："这都是我放纵灌夫的过错。"于是，他下令拘捕灌夫，并且派兵搜捕了他的家族。不久，灌夫及其家属都被处死了。

延伸阅读

酒与剑

中国古代常常把酒与剑结合在一起，从而成为侠客豪士的象征。例如，"胸中小不平，可以酒消之，世间之大不平，非剑不能消也。"司马迁在《史记·刺客列传》中写荆轲"嗜酒，日与狗屠及高渐离饮于燕市。酒酣以往，高渐离击筑，荆轲和而歌于市中，相乐也。"另外酒也助长了剑文化，例如李白诗曰"诗因鼓吹发，酒为剑歌雄"。

曹操：青梅煮酒论英雄

> 曹操，字孟德，小名阿瞒，沛国谯郡（今安徽省亳州市）人，东汉末年军事家、政治家。曹操在迎请天子到许都之后，势力大增，但是仍然对很多割据势力的首领心存猜忌，由此引出了一段煮酒论英雄的故事。

曹操出生于一个显赫的官宦世家，其祖父曹腾，是东汉末年宦官集团十常侍之一。他的父亲曹嵩，是曹腾的养子，曾先后任司隶校尉、大司农、太尉等官。曹操是曹嵩的长子，自幼博览群书，善诗词，通古学，并且有过人的武艺。他年少时任性放荡，不务正业，当时很多人都认为他没有什么了不起。但素以知人出名的太尉桥玄一见曹操就大为惊奇，说他将来肯定能大有作为。

乱世奇才

曹操在二十岁的时候，被举为孝廉，

◆ 曹操雕像

入洛阳为官。不久，被任命为洛阳北部尉。洛阳是当时的都城，是皇亲贵戚聚居之地，很难治理。曹操到职后，申明禁令、严肃法纪，造五色大棒十多根，悬在衙门左右，并且明令有犯禁者，就用此棒打死。后来，汉灵帝为巩固统治，设置西园八校尉，曹操被任命为八校尉中的典军校尉。

刘备附曹

董卓立献帝刘协，自称相国，专擅朝政。曹操刺杀董卓失败后逃出京师洛阳，来到陈留，组织起一支五千人的军队，讨伐董卓。经过十数年的经营，曹操消灭了很多割据势力，拥兵数十万。当时的刘备势单力薄，兵少将寡，在吃了几次败仗后，只得依附于曹操。刘备为了防备曹操的害己之心，经常在后园里种菜，亲自浇灌，韬光养晦。而关羽和张飞不知刘备的心思，还以为他不留心天下大事，只关注这些粗浅的小事。

曹操很有智谋，他不断地揣摩刘备的心思，以便自己早做打算。一次，曹操叫许褚、张辽带几十个人，到刘备的菜园中对他说："丞相有事要找你。"刘备大为吃惊，

◆ 刘备像

忙问："有什么紧急事?"许褚说:"不知道,丞相只教我来相请。"刘备没办法,只得随两人入府见曹操。曹操见了刘备,笑着说:"你在家做的好事!" 刘备听了这句话,吓得面如土色。曹操握着刘备的手,一直走到后园的小亭里。这时候,亭中的桌上摆着热酒和青梅。曹操说:"你学种菜也很不容易啊!现在是梅子快成熟的时候了,我俩来痛饮几杯。"这时,刘备才放下心来。于是两人对坐,开怀畅饮。

以雷掩惊

曹刘二人正喝得高兴,突然外面阴云密布,骤雨将至,随从指着天边的龙卷风给他们看。于是,曹操就从"龙"谈起,说龙能大能小,能升能隐,大的可以兴云吐雾,小的可以隐藏身形;升起来飞腾在宇宙之间,隐起来潜伏在波涛之内,这好比是当世

的英雄。说到这里,曹操有意试探刘备,说:"你久历四方,一定知道当世的英雄是谁,能给我说说吗?"刘备见推辞不了,只好支吾着说袁术、袁绍、刘表、孙策、刘璋等,曹操听了之后,把这些人一一否定了。最后,曹操用手指着刘备说:"天下的英雄,只有你和我!"刘备听了大吃一惊,吓得连手中的筷子都掉到地上。这时正好雷声大作,刘备连忙借害怕雷声来掩饰自己的窘态,并且对曹操说自己一直都怕打雷。后来刘备对关羽、张飞说:"我学种菜,为了使曹操觉得我胸无大志,想不到他竟然指我为英雄,吓得我掉落筷子。又怕曹操因此生疑,我只好借害怕雷声来掩饰。"关羽和张飞都夸他高明。而曹操自从听到刘备的话之后,便认为刘备也是一个平庸的人,不再防备他了。

延伸阅读

曹丕独涎葡萄酒

魏文帝曹丕喜欢喝酒,尤其喜欢喝葡萄酒。他不仅自己喜欢葡萄酒,还把自己对葡萄酒的喜爱和见解写进诏书,告之于群臣。魏文帝在《诏群医》中写道:"三世长者知被服,五世长者知饮食。此言被服饮食,非长者不别也。……中国珍果甚多,且复为说葡萄。当其朱夏涉秋,尚有余暑,醉酒宿醒,掩露而食。甘而不饴,酸而不脆,冷而不寒,味长汁多,除烦解渴。又酿以为酒,甘于鞠蘖,善醉而易醒。道之固已流涎咽唾,况亲食之邪。他方之果,宁有匹之者。"身为一代帝王,曹丕把饮酒之情写入诏书,畅谈自己对红色玉酿葡萄酒之钟爱,殷殷宠爱之意见于笔端。如此这般宠爱,恐怕唯曹丕一人,此实乃空前绝后之举。

陈后主：耽于饮宴亡宗庙

陈后主名叔宝，字之秀，小名黄奴，是陈宣帝嫡长子。他早年受了不少苦，做了皇帝之后极度享乐，对国家大事少有作为，最后落得个国破家亡，宗庙被废的下场。

陈后主幼时命运多舛，两岁时，江陵城陷，后主与其父母一同被西魏掳走。不久，西魏先放还他的父亲陈顼，他与弟弟陈叔陵等四人被作为人质。陈叔宝十岁时，才得以返回建康。陈宣帝病重弥留时，陈叔宝、陈叔陵、陈叔坚三兄弟入宫侍疾。宣帝死后，陈叔宝即位，父亲丧期还没满一年，他就在后殿置酒宴，奏乐赋诗。大臣毛喜对他的做法很不满，假装心绞痛忽然昏了过去，故意搅了后主雅兴。

疏远直臣

陈后主对左右的亲信说："我真是后悔啊，把毛喜召入殿中。他肯定是没有病的，却假装摔倒，这都是为了阻我欢宴！此人太令我失望了，以后不再用他了。我知道他和鄱阳王兄弟有深仇，我准备把他交给他们，让他们报仇算了。你们说这样做好不好？"司马申等人附和，但中书通事舍人却不同意，他说："您不能这样做！如果把毛喜交给鄱阳王兄弟，他会被杀掉的，他是先皇的功臣，先皇地下有灵会怎么想！"陈后主也觉得有理，于是就把毛喜废置不用，外派到一个小地方当官。

不修武备

陈宣帝还活着的时候，杨坚就已经着手攻打江南，陈宣帝却对此不加理睬，也不进行防御。隋军一度派军南征，适逢陈宣帝病死，隋文帝就下令班师，还遣使赴吊。陈

◆ 陈后主陈叔宝

◆ 隋文帝杨坚

后主很自负，他认为隋兵是退走的，而不是撤走。

陈后主全然不管国事，只知道喝酒享乐，其殿下之臣多属无能之辈，多是腐朽的文人。陈后主和宠妃经常在宫里举行酒宴，宴会的时候，让他们一起参加。君臣通宵达旦地喝酒赋诗，穷奢极欲。陈朝统治越来越残酷，百姓流离失所，哀鸿遍野。

在此期间，北方的隋朝已经强大起来，并且决心灭掉南方的陈朝。

文酒亡国

公元588年，隋军大举南下。陈朝将士节节败退。几路隋军顺利开到长江边，北路的人马到了京口，江边守将告急的文书接连不断地送到建康。

陈后主收到警报，连拆都不拆，就随手丢了。继续和宠妃、宠臣饮酒。后来，战事越来越紧急，大臣们请求抵抗隋兵，陈后主才召集大臣商议。陈后主说："我国是个福地，以前北齐来攻过三次，北周也攻打了两次，都失败了。这次隋兵来，还是一样来送死，没有什么可怕的。"宠臣孔范也附和说："皇上说得对。我们有长江天险，隋兵难道能飞过来？这一定是守江的官员贪功，故意造出假情报来。"陈后主说完回到后宫，继续喝起酒来。

公元589年正月，贺若弼的人马从广陵渡江，攻占京口。隋朝大将韩擒虎的人马从渡江到采石，两路隋军逼近建康。陈后主这这才着急了，城里的大军还有十几万人，但是陈后主手下的宠臣没人能指挥军队，陈后主急得只哭，手足无措。不久，隋军攻进建康城，陈军将士大多投降。隋军打进皇宫，到处找不到陈后主。后来，捉住了几个太监，才知道陈后主逃到后殿投井了。隋军兵士在后殿果然看到一口井，他们往下一望，发现是口枯井，高声对里面喊话，井里没人答应，隋兵就威吓着要向里面扔石头。陈后主吓得大声尖叫，于是被俘。

延伸阅读

陈后主《夜亭度雁赋》

春望山楹，石暖苔生。云随竹动，月共水明。暂逍遥于夕径，听霜鸿之度声。度声已凄切，犹含关塞鸣。从风兮前侣骇，带暗兮后群惊。帛久兮书字灭，芦束兮断衔轻。行杂响时乱，响杂行时散。已定空闺愁，还长倡楼叹。空闺倡楼本寂寂，况此寒夜砑珠幔。心悲调管曲未成，手抚弦，聊一弹。一弹管，且陈歌，翻使怨情多。

宋太祖：一杯清酒释兵权

宋太祖赵匡胤，涿州(今河北省涿州市)人。公元960年称帝，建立北宋王朝，他为了稳固皇位，在酒宴上用计解除一些重臣的兵权，史称"杯酒释兵权"。

宋太祖赵匡胤出生于洛阳夹马营，其父赵弘殷先后当过后唐、后晋、后汉的军官。赵匡胤起初投奔后汉大将郭威，因为武艺出众，得到了郭威的赏识。后来，他拥立郭威为后周皇帝，被重用为典掌禁军。周世宗柴荣执政时，他又因战功升任为殿前都点检，并且兼任宋州(今河南省商丘)归德军节度使，掌握了后周的兵权，负责防守汴京。周世宗死后，其子柴宗训继位，时年仅七岁。赵匡胤和弟弟赵光义、幕僚赵普密谋篡夺皇位。

陈桥兵变

公元960年正月，镇州(今河北正定县)和定州(今河北省定州市)有人进京报告说，北汉和辽国的军队南下攻打后周。后周符太后和宰相范质、王溥等人十分着急，也不辨真假，就派赵匡胤领大军北上御敌。大军行至陈桥驿停驻不前，赵匡胤发动兵变，称帝建国，史称北宋。

宋太祖赵匡胤继位不到半年，就有两个节度使起兵反对宋朝，虽然被他亲自率兵平定了，但却耗去了大量的人力和物力，国家仍处于动荡之中。为此，他夜访宰相赵普，赵普指出唐末以来藩镇大将兵权过重的教训，由此赵匡胤准备削夺藩镇大将的兵权。

杯酒释兵权

宋太祖在宫中举行酒会，约请了石守

◆ 雪夜访普

◆ 宋太祖赵匡胤

信、王审琦等几位老将。酒过三巡，宋太祖端起一杯酒，站起来说："众将干杯！"大将们都站起来，喝干了杯中的酒。宋太祖接着说："不瞒各位，我做皇帝以来，食不甘味，夜不安寝，主要原因是有人暗怀鬼胎，总想趁机篡夺皇位。"这些人听了此话都着了慌，一个个跪在地上说："目前天下太平，国家安定，谁还敢对陛下心生歹意？"

宋太祖说："你们几位，我自然很放心，但是你们的部下要是为了贪图富贵，硬把黄袍加在你们身上，到那时候你们想不干，也不行了。"听了宋太祖的话，石守信等人感到大祸临头，连连磕头，含着眼泪恳求说："请陛下念在我们跟随你多年的情分上，为我们指引一条出路。"宋太祖说："人都愿意富贵，想多积点钱，置田买产，饮酒欢乐。现在你们辞去军职，到地方上做个闲官，也消除了我们君臣之间的猜疑。"石守信等人诚惶诚恐，连连赞道："陛下想得太周到了！"

第二天上朝的时候，前一晚参加酒会的大将，都递上一份辞呈，说自己年老多病，不能胜任现职，愿意告老回乡，过闲居的生活。宋太祖准了他们的请辞，收回了他们的兵权，还赏给各人一份厚礼。过了几年，宋太祖又用同样的手段，消除了王彦超等节度使的权利，这就是历史上著名的"杯酒释兵权"。

赵匡胤吸取了唐朝以来藩镇跋扈、拥兵自重、尾大难掉的教训，化干戈于美酒，释兵权于宫宴，用和平的方式将兵权集中到自己的手中，从而避免了一场诸侯割据、生灵涂炭的悲剧。较之那些"飞鸟尽、良弓藏，狡兔死，走狗烹"，不念戎马功勋，却过河拆桥的皇帝，杯酒释兵权还多了几许人情味。

但是，赵匡胤重文轻武、偏于防守的方针，对宋朝"积贫积弱"局面的形成，无疑有着重大影响。

延伸阅读

王彦超主动请辞反如故

开宝二年(969年)，宋太祖召凤翔节度使王彦超、安远军节度使武行德、护国军节度使郭从义、定国军节度使白重赞、保大军节度使杨廷璋等同时入朝，在皇宫后苑设宴。席间，王彦超跪奏道："臣素来功微，承蒙恩宠。现年事已高，望能恩准我告老还乡。"宋太祖也马上离席亲自扶起且嘉慰道："卿可谓谦谦君子矣。"然而武行德等人却不明白赵匡胤的用意，历陈往昔战功及履历艰辛。次日，宋太祖下诏撤销了他们的职务，接着又收回了武行德等人的兵权，使节度使这个从八世纪中叶以来炙手可热的官职退出了政治舞台。

第七讲
酒与文人——书香醇酿且沉醉

郦食其：高阳酒徒睨王侯

郦食其为汉朝立下汗马功劳，他的名字却不广为人所知，只留下了"高阳酒徒"这个名号。

郦食其，陈留高阳乡（今河南杞县）人，少年时家境贫寒，但他却嗜酒如命，常混迹于酒肆中，人称高阳酒徒。他喜读书，性豁达，痛恨秦王朝，对奋起抗秦的陈胜、项梁寄予很大希望，但他发现这些人心胸狭窄不足为交，因此一直隐居未出。

君臣际会

公元前209年，陈胜、吴广举起"伐无道，除暴秦"的旗帜，天下群雄起而响应。项梁、项羽起兵于会稽，刘邦在沛县起义。

◆ 汉高祖刘邦庙

当陈胜、项梁等起义军路过高阳时，郦食其非常轻视他们，认为这些人都是鼠目寸光之辈，不足以举大事，但对刘邦却十分敬仰，说他有雄才大略，愿和他一起共事。刘邦攻打陈留时，郦食其前去投奔他。

谁知刘邦虽喜结交豪杰，却看不起读书人。这天，刘邦正在洗脚，看门人禀报说乡里有位儒生求见。刘邦一向轻视儒生，曾经拿儒生的帽子当尿盆，以此来污辱儒生，于是说："我以天下大事为重，没有时间接见读书人。"在外等候已久的郦食其瞪大眼睛，手握利剑，叱骂看门人说："你再进去对沛公说，我是高阳酒徒！"刘邦一听是高阳酒徒，连脚都没擦，赶忙起身迎接，赐酒款待。

郦食其见到刘邦便说："你是打算帮助暴秦攻打诸侯呢，还是打算率领诸侯攻打暴秦？"刘邦被问得不知所措，大怒道："你这个书呆子，岂有此理！全国百姓不堪忍受暴秦的残酷统治，早就想推翻它，你怎么敢胡说我想帮助暴秦攻打诸侯呢？"郦食其说："既然你想推翻暴秦，夺取天下，就不应该这样对待长者和有学问的人。"刘邦一听这话，赶紧起身让座，并向郦食其谢罪说："过去听人说过先生的容貌，今天见面才知先生的来意，不知当如何破秦？"郦食其毫不客气地说："你带领的乌合之众还不到一万，现在竟然想要攻打强秦，这不过是羊入虎口罢了。陈留是天下的要冲，城中积蓄了很多粮食。我认识县令，让我来劝说他投降，如不投降，你可以举兵攻打，我作内应，大事就可成功。"刘邦采纳了郦食其的建议。

夺取陈留

郦食其回到县城，向县令陈说了其中的利害，希望他向刘邦投降。县令惧怕秦法，不敢贸然从事。当天，郦食其率众杀死县令，派人报告刘邦。刘邦见大事已成，就放话说县令已死，城上守军听到长官已死，遂开城投降。刘邦进城后得到了许多兵器和粮食，投降的士兵也很多，为刘邦西进提供了物质条件，这全是郦食其的功劳。

游说被烹

公元前204年，楚汉相争之时，郦食其又建议刘邦说："楚汉相争久持不下，百姓骚动，海内动荡，人心不安。希望你急速进兵，收取荥阳，有了粮食，占据险要，天下就归属于你了。"他还主动请缨，去说服兵多将广、割据一方的齐王田广。高阳酒徒的这一建议，成为刘邦夺取天下的战略思想。郦食其到了齐地，向齐王晓以利害，

齐王欣然同意，于是罢兵守城，天天和郦食其纵酒谈心。

这时，由于韩信乘机攻齐，被田广误解，他认为是郦食其出卖了自己，就命人把郦食其带上来。田广对他说："你能阻止汉军，我就放了你。"郦食其说："行大事就不要顾及细小的事，大的德行我不会推辞，你也不必多说了。"这话让齐王更加生气，于是他让人把郦食其烹杀了。

在汉代的开国功臣中，郦食其稳健上不如萧何，战略思维不如张良，机智不及陈平，然而，他纵酒使气，疏阔狂放，跟刘邦很对脾气，可能是高祖皇帝最喜欢的一个谋士。大汉立国后，刘邦每次说起功臣，都会想起郦食其。对郦食其的弟弟和儿子都很照顾，曾封其弟郦商为涿侯，封其子郦疥为高梁侯，也算是不忘故人，有始有终了。

延伸阅读

鲁酒薄而邯郸围

春秋时代，楚国强大起来。一些较弱的国家都给楚国进贡，其中鲁、赵两国都曾向楚王献酒。楚国的主酒吏是个酒鬼，他发现赵国的酒味醇而美，便向赵国的使者索贿，结果遭到拒绝，因此怀恨在心。他偷偷把赵国的好酒与鲁国的薄酒调了包，并在楚王面前诬陷说："赵国有好酒，但却给我们送薄酒，分明是看不起大王。"楚王一怒之下，率军围攻赵国都城邯郸。

蔡邕：饮醉辄倒称醉龙

蔡邕祖上多人为官，其中六世祖蔡勋较为出名，是蔡邕之前蔡氏宗族中最显赫的人物。蔡邕的道德文章、书法均称道于世。因其善饮酒，醉倒就躺在大街上，被人称为"醉龙"。

据说蔡邕出生时大科学家张衡刚刚去世不久，因此人们就说蔡邕是张衡转世，史载他"好辞章、数术、天文，妙操音律"，这就使这个传说被传得神乎其神。

东观校书

蔡邕是著名的大学者，很多当权派都想拉拢他出来做官，其中宦官徐璜、左碑都

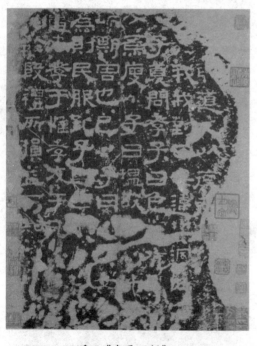

◆《熹平石经》

曾拉拢过他，并主动向皇帝推荐蔡邕。接到诏书后，蔡邕本无多大兴趣，可是看到诏书言辞恳切，他还是去了。去是去了，走到半路他却又撒谎说身体欠佳，回家过起了隐居生活，闭门谢客，拒绝一切公共活动，搞得徐璜、左碑很没面子。

尽管蔡邕为人架子很大，但是宰相桥玄却很看重他，亲自出马请他到国家最高文献机构来工作。由于这项工作很符合蔡邕的喜好，于是建宁三年（170年）他终于出来做官了，担任议郎，负责在汉政府的大型图书机构"东观"校书。蔡邕认为，由于时代久远，加上当时的印刷设备落后，经典著作谬误很多，因此给皇帝上书要求校订被公认为"圣典"的六经。不久报告获得批准，蔡邕领衔，率堂溪典、杨赐、马日磾、张驯、韩说等人开始了这项重大的文化工程。校订结束后，为了让这次校订的书起到典范性作用，汉灵帝命人将校订过的六经刻在最高学府太学门外的40块石碑上，这就是中国古代最浩大的碑刻石经《熹平石经》。当时的士子们听说后，纷纷赶到太学门外抄写，结果

发生了严重的堵车事件，史载"车乘日千余两，填塞街陌"。

遭逢流亡

蔡邕入京后，皇帝对他非常器重，顺带还任命了一批和蔡邕志同道合的文士。由于蔡邕自奉为道德正统，逐渐和宦官们产生了矛盾，蔡邕认为国家日渐腐败，主要坏在这帮宦官尸位素餐。加上当时地震、蝗虫、冰雹等自然灾害频发，为了打击宦官，蔡邕就说这是上天的责罚，只要驱逐宦官，上天自然会息怒。六神无主的皇帝也不辨真假，全权委任给他。蔡邕当即制定出一个方案。在把方案递上去的时候，蔡邕深知宦官们的关系盘根错节，因此要求皇帝保密，否则这次驱宦就会胎死腹中。皇帝看了方案后，发现自己看重的太监都在被驱逐之列，因此对蔡邕稍有不满。

就在皇帝如厕的时候，大太监曹节偷看了蔡邕的上书，随即将内容透露了出去，太监们听说后，无不对蔡邕恨之入骨。恰好这时候蔡邕和司徒刘郃发生矛盾，他的叔叔蔡质又和将作大匠阳球不和，这为痛恨他们的人找到了把柄。他们的政敌指使人在皇帝面前狠狠告了一状，说他们诬蔑国家官员。汉灵帝也糊涂，居然就判了杀头。太监吕强知道这件事的利害，若是真要杀蔡邕，必会引起对此案的彻查，到时候顺藤摸瓜，这件案子的指使人以及背后所有幸灾乐祸的人都会暴露在阳光下。因此蔡邕是万万不能动的，他向皇帝说情，皇帝想起往日给自己充当文学导师的蔡邕，也后悔了，因此轻判为全家流放。

阳球这个人恩仇必报，是整人不过夜的主儿。他暗地买通几个刺客，命他们在流放路上刺杀蔡邕。令人称奇的是，这几个刺客颇有侠士本色，虽然干的是拿钱杀人的勾当，但是一听说刺杀对象是蔡邕，纷纷予以拒绝，原来他们都敬重蔡邕的为人。

读史至此，每每击案赞叹，这是什么？这就是道德的力量，一个人的人格魅力到了这种程度，确实没什么可说了。

蔡邕这个人的道德文章固然符合统治者的需要，而他身上还有另外不羁的一面，这和他身上的艺术气质是分不开的。《酒颠》记载了一些关于他的故事。说他虽然被称作道德君子，但是却留恋于酒，每饮无拘，常饮至一石，而且喝醉了就躺倒在大街上睡，被称为"醉龙"。这些故事让他身上可爱的一面活泛了起来。

延伸阅读

蔡邕和焦尾琴

蔡邕隐居期间，在房里抚琴，忽然听到房东的厨房里传来一阵清脆的爆裂声，他大叫一声"不好"，跳起来冲进厨房，从灶膛里抢出一截木头，原来是一段桐木。他不管自己的手被烧伤，只顾对着桐木又吹又打。抢救下来的桐木还算完整，他精雕细刻，制出了一张琴，这就是绝世古琴——焦尾琴。

孔融：樽中美酒溢风流

孔融，字文举，山东曲阜人，是东汉末年著名的文学家，同时也是一位酒痴。他性格刚直，诙谐洒脱，时人称其"座上客常满，樽中酒不空"。

孔融让梨的故事将孔融塑造成了一个懂得谦让，性情恭顺的形象，但从孔融的一生来看，根本不是这么回事。成年后的孔融性情孤傲，充满叛逆思想，小时候也一点都不恭顺，倒是机敏有余，鬼点子不少。

名士风度

汉代中平初年(185年)，一直当处士的孔融受到推荐，担任了侍御史的官职，这个职位负责接收官员们的奏报，弹劾非法官员，有时也被任命办理案件、镇压农民起义等，俗称"绣衣直指"。孔融担任这个有点特务色彩的官并不久，因为和自己的上司合不来就回家了。不过，名士就是名士，很快司空府就请他去担任僚属。东汉的司空虽然名目

◆ 高士欢饮

好听，但却并不是什么显爵，孔融作为属官只能干吊死问生之类的事情。不过他这个人干这个事情很出色，不久就被调任中军候。

反对禁酒

孔融嗜酒，且喜欢交友，担任太中大夫时，每天都宾客盈门，面对高朋满座，觥筹交错，他曾经慨叹："座上客常满，樽中酒不空，吾无忧矣。" 当时政府禁酒，孔融公开反对。提出这个禁酒令的不是别人，正是曹操。孔融不但以实际行动反对，还写了一篇著名的《难曹公表制禁酒书》。这篇为酒写的辩护词，可谓世界酒史上罕见的千古奇文。文章的大意是说：酒是个好东西，不但能够沟通人和神的关系，还能开展外交，天上有"酒旗星"，地上有"酒泉郡"……上古帝王饮数千钟酒，所以开太平盛世；孔丘先生饮上百瓦罐酒，所以成一代宗圣……孔融真是标准的酒徒，短短一篇辩护词，把酒的好处直接联系到天地人神古今。最令人叫绝的是文章典故中的反诘，曹操禁酒的理由是饮酒会亡国，孔融说施行仁义也会亡国，为什么不断绝仁义？施行谦让也会亡国，为什么不禁绝谦让？提倡儒学也

◆ 孔融

会亡国，为什么不毁绝文学？迷恋女人也会亡国，为什么不禁女人？曹大丞相竟无言以对。看来，能把喝酒撰写成文的人还是有几分可爱的。

如果一个男人超级喜欢喝酒，他可能只是个酒鬼。如果一个男人超级喜欢喝酒，而且还喜欢写字和思考，那他就能成为诗人和思想家，不过这种思想通常是离经叛道的思想。孔融也不例外，他在《父母于子无恩论》中说："父之于子，当有何亲？论其本意，实为情欲发耳。子之于母，亦复奚为？譬如物寄瓶中，出则离矣。"这种话哪像是孔圣人二十世孙说出来的话，简直就像是一个酒疯子说的话，这种思想和言论就算是放在今天，也是最激进的。在中国的历史上，孔融只怕是最早对封建的亲情伦理关系提出挑战的人吧！

遭忌遇害

孔融的个性放荡不羁、桀骜不驯，语出惊人，这在当时给他埋下了致祸的种子。特别是其用语戏谑，说话刻薄，更招曹操忌恨。官渡之战后，曹操击败了袁绍，俘虏了袁绍的儿媳甄宓，赏给了自己的儿子曹丕。

孔融却说："武王伐纣，以妲己赐周公。"曹操不明白孔融说这话的用意，问他此话出自什么典故。孔融回答："以今度之，想当然耳。"曹操回去一想，才明白是在嘲笑他们父子，顿时勃然大怒，但又无可奈何，便怀恨在心。

建安十三年（公元208年），曹操终于找了个理由将孔融杀了。

第七讲 酒与文人——书香醇酿且沉醉

阮籍：大醉月余不复醒

阮籍，三国魏文学家、思想家，字嗣宗，陈留尉氏人。由于司马氏专擅朝政，杀戮异己，阮籍内心十分愤懑，但为了避祸，只能缄口不言。

有人借酒赋诗，有人饮酒浇愁，殊不知阮籍以酒避祸，独开借酒掩盖政治意图之先河，演绎出一则酒林趣事。

乱世存身

阮籍，三国魏文学家、思想家，他的父亲阮瑀是著名的"建安七子"之一，他与嵇康齐名，为"竹林七贤"之一。饮酒赋诗以图清谈，不理政事方得清闲。据《晋书·阮籍传》记载：

籍本有济世志，属魏晋之际，名士少有全者，籍由是不与世事，遂酣饮为常。

皆因当朝政治腐朽，阮籍壮志难酬，常常陶醉酒中，喝得昏昏然不谙世事。他一生在这样半梦半醒之间度过，用酒精来麻醉自己，忘却自我。

阮籍曾登广武城，观楚、汉古战场，慨叹时无英雄。当时魏明帝曹叡已亡，由曹爽、司马懿夹辅曹芳，二人明争暗斗，政

◆ 阮籍等七贤竹林畅饮图

局十分险恶。曹爽曾召阮籍为参军，他托病辞官归故里。公元249年，曹爽被司马懿所杀，司马氏独专朝政，大杀异己，被株连者很多。阮籍本来在政治上倾向于曹魏皇室，对司马氏心怀不满，但同时又感到世事已不可为。于是，他采取不涉是非、明哲保身的态度，或闭门读书，或登山临水，或酣醉不醒。

为酒当官

司马炎称帝建立晋朝，阮籍为了避祸，不得不小心翼翼地周旋。早在司马懿掌握曹魏政权时，就请他入幕为从事中郎，他慑于司马氏的势力，只好低头就范。凡是司马府上有宴会，他是每请必到，到了之后便喝酒，有时真喝醉，有时佯装酒醉，以此来掩饰自己。一年，他听说缺一名步兵校尉，又听说步兵营里多美酒，营人善酿佳酒，于是请求去那里当校尉。他当了校尉后，就整天抱着酒坛子，纵情豪饮，不问世事。

酣醉避祸

钟会是司马昭的重要谋士，是个投机钻营的卑鄙小人。阮籍对他一向深恶痛绝，可是他却时常来阮籍家作客，探听阮籍的虚实。阮籍置酒相待，开怀痛饮直到大醉，对政事不发一言，钟会只得怏怏而归。

阮籍饮酒狂放不羁，每饮必烂醉如泥，最妙之处在于能借酒避祸，令人称道。阮籍有一个女儿，容貌秀丽，晋文帝司马昭想与阮籍结为儿女亲家，代其子司马炎向阮籍之女求婚。阮籍不愿委身于司马氏，怕与权贵沾上亲戚陷入政治斗争，贻害后代，又不敢得罪司马氏，怕引来杀身之祸。在进退

两难之际，阮籍想到了酒，遂借酒掩护。于是，他狂喝不止，终日烂醉如泥，大醉两月，期间醉到舌头发硬，满口不知所云，文帝看阮籍醉成这般，只好把这件婚事搁下作罢。

阮籍才学惊人，声望颇高，深得司马昭之赏识。司马昭加封之时，力邀阮籍写劝进文书。不料阮籍故伎重施，躲到友人袁孝尼家里饮酒，试图蒙混过去，结果被司马昭的心腹郑冲抓到，不得已委曲求全。司马昭得以加封，阮籍郁郁寡欢，同年冬天抑郁而终。

《世说新语·任诞》记载，阮籍与司马相如有几分相似，唯阮籍心怀不平而经常酒浇胸中"垒块"。后人就用"酒浇垒块"、"酒浇块垒"等指有才而不得施展，无可奈何、借酒消愁。

第七讲 酒与文人——书香醇酿且沉醉

117

刘伶：常驾鹿车载美酒

刘伶在竹林七贤中，风度不及嵇康，谈玄不及阮籍，注书不及向秀，音律不及阮咸，为官不及山涛和王戎，但纵酒之名却超出诸人，他在历史上的声名恐怕是沾了酒的光，以酒为名之说确实不虚。

刘伶，字伯伦，生卒年不详，西晋沛国（今安徽宿州）人，是竹林七贤中记载较少的一位，其作品大多失传。晋武帝时被任命为建威参军，泰始初年（265年），朝廷向官员们征集治理国家的方略，刘伶在上书中提出了"无为而治"，结果惹得晋武帝大怒，斥责他提出的策略不合时宜，以"无能"之名将他罢免。和他同辈的人大都因建言合时宜而任高官，只有他去职。他彻底看透了官场的虚伪，因此和阮籍等人结交，学老庄之学，纵酒放诞，对礼法非常蔑视。

死便埋我

刘伶对喝酒有一种病态的痴迷，他是

◆ 刘伶醉酒像

酒徒中的酒徒，醉鬼中的醉鬼。在写文章为自己喝酒辩护的功夫上，和喜欢喝酒的孔融有一拼。此公也和阮籍一样喜欢驾着鹿车在荒野里游荡，但是他不是为了找没人的地方去哭，而是为了在车上喝酒。从这点看来，刘伶的性格要乐观许多，你想象一下，驾着鹿车，跟着三四个随从，欣赏着郊外的风景，喝两口美酒，这是多么惬意的事啊！更有甚者，他喝酒的同时，还令随从扛着铁锹。干吗的？原来刘伶说："死便埋我"。既有对生死的超然，又幽默的可爱。

醉酒裸身

很多人喝醉酒就会发酒疯，刘伶也不例外。明人冯梦龙《古今笑》中记载：刘伶喝醉了酒就把衣服脱光，别人进来给他提意见，说他破坏礼教，有损礼法。他比阮籍更干脆地说："我以天地为栋宇，屋室为裤衣。诸君何为入我裤中？"令人忍俊不禁。

刘伶病酒

《世说新语》中记载了一则关于刘伶的小故事：刘伶喝酒喝出病来了，非常口渴。向太太要酒喝，他太太非常生气，把酒

◆ 竹林七贤

倒掉，把喝酒的瓶瓶罐罐也全部砸了。根据历史记载，刘伶身长六尺，容貌丑陋，但是他的太太却是知书达理，颇有文化修养的奇女子。她哭着对刘伶说："亲爱的老公，你喝酒喝得实在太过分了，这不是养生之道，必须立刻戒酒。"刘伶说："你说得很对，我马上戒酒，为了表示我戒酒的诚意我要向鬼神发誓祷告，你去准备向鬼神祷告的酒和肉吧。"看到这里，笔者知道这位贤惠的夫人又上当了，发誓写保证书是古今男人惯用的伎俩，怎么能够相信呢？果真如此，等到太太准备好了酒肉，放在神案上，刘伶跪在地上发誓说道："天生刘伶，以酒为名，一饮一斛，五斗解酲。妇人之言，慎不可听！"然后饮酒吃肉，喝得大醉。他这种做法，再贤惠的夫人也会被气得跳起来。

说他是超级酒鬼，你不得不信。大概因其饮酒的名誉在当时太坏，后世的伪君子和以道统自居的人都对他不屑，连他的生卒年都未加记载。文献上找不到他的死因，推测可能是"嗜酒寿终"，在汉末魏晋这种乱世，能寿终正寝也算幸运。比起何晏、孔融、祢衡这些被杀甚至灭族的人来说，可谓不幸中的大幸。

且不论七贤之间的思想差距，单说他们能够坐在竹林里谈玄论道，弹琴唱歌，饮酒赋诗，就已经令人羡慕了。看古人所绘制的《竹林七贤图》，他们都有着神仙般的翩然风度。文王千盅不足夸，孔圣百觚饮在喉。常驾鹿车载美酒，竹林共销万古愁。不论是作为酒鬼的刘伶，还是隐者的刘伶，有了这般朋友，人生何憾。

延伸阅读

鸡肋不足以安尊拳

《晋书》记载：刘伶有一次喝醉后和一个粗鲁人发生了口角，那人伸胳臂捋袖子准备揍他，刘伶说："我这小鸡样的身体不足以承受你尊贵的拳头。"（鸡肋不足以安尊拳。）那个人为刘伶的谑语而发笑，就走开了，刘伶确实有趣。

阮咸：狂醉之中显精神

竹林七贤中的阮咸好喝酒，堪比乃叔阮籍。他擅长音律，直追嵇康，可惜并未留下遗作，偶有只言片语也存于一些可信度不高的史籍中。幸好其音乐方面的天赋极高，他根据西域乐器创制的"阮"流传后世。由此可见，阮咸纵酒时虽然一片混沌，但是在音乐上却绝不含糊。

阮咸，字仲容，是竹林七贤中年纪较轻的一位，仅年长于王戎。他很聪慧，少年时代常常跟随叔父阮籍参加名士们的社交活动。受叔父以及名士们的影响，他也养成了一副名士派头，因其过于放诞不羁，蔑视礼法，常遭到世人的讥讽。在境界上，阮咸无法和阮籍、嵇康等长辈相比。但他从不刻意模仿这些大名士，而是随性而为。他青年时，喜欢姑母家的一个鲜卑女奴，和这个女奴产生了恋情，偷食禁果。后来，他的母亲去世了，姑母带着女奴来吊唁，曾答应他把女奴留下来，但离开时却把女奴带走了。当时身穿孝服的阮咸正在接待吊唁的宾客，听说这个消息后，二话不说向客人借了一头驴就去追。

过了一会儿，阮咸和那个鲜卑女子一起骑着驴回来了，而且连丧服都没脱，来吊唁的宾客无不瞠目结舌。按照封建时代的礼法，母丧期间不但要哀容，还要禁欲，亲近女色这种行为更是大逆不道。何况男女授受不亲，阮咸居然在母丧期间和一个女子共骑一头驴，这顿时成了那些礼法维护者攻击他的口实，但他不以为意，还说"人种不可失"。其蔑视礼法，言行之放诞由此可见一斑。

酒家之名

阮咸极力仿效叔叔阮籍纵酒的作风，据说这老兄饮酒终日不醒，就连骑在马上也喝的歪歪扭扭，右摇右晃，好像坐着船在波浪中颠簸一样。尤其不堪的是，有一次他在院子里和族人群聚饮宴，开始用酒杯喝，后来觉得不过瘾，就改用瓮喝，仍然不过瘾，

◆ 以酒会友

◆ 阮咸

就改用大盆喝。结果喝醉了，进来一群猪凑热闹，不知这位老兄是真喝醉了还是装糊涂，居然和猪一起喝，还不断地弹琵琶唱歌，结果得了一个最下品的雅号——"酒豕"。"豕饮"的典故由此而来。

当时很多名士虽然标榜老庄，但实际上不少人只是为了博取美名。按照习惯，七月七日那一天人们都要把华贵的衣物拿出来晾晒，名士们虽然自诩清高，但也都不能免俗，竞相夸耀自己的华服高冠。只有阮咸在院子里的枯树上挂了一条破旧的裤子。别人问他："既然不拿华丽的衣服出来，为何还要挂条破裤子呢？"阮咸说："我也不能免俗，可是也不能像大家一样俗，挂个破裤子聊作慰藉。"其话中的诙谐令人忍俊不禁。

阮氏风骨

阮咸继承了阮家人爱好音乐的传统，不但精通音律，而且在音乐上天赋异禀。他善于弹奏琵琶，曾将龟兹传入的琵琶进行改造，使其更加符合汉族地区的演奏。据说唐开元年间曾经从阮咸墓中挖掘出一件铜琵琶，结构为直柄木制，圆形共鸣箱，四弦十二柱，竖抱用手弹奏。唐玄宗命人用木头仿制了一件，弹出来的音色非常优美，以阮咸的名字命名。至今这一民族乐器依然在祖国的音乐宝库中使用，有"大阮"、"小阮"两种。

从阮咸及其家族的种种举动来看，他有一种异于常人的品质，那就是狂。这是由当时历史环境造成的，魏晋时期中国的儒家文化整体上坍塌了，人们丧失了终极信仰，尤其是作为知识分子的精英们，更是陷入了找不到北的局面。这一时代是中国社会最黑暗的时代，却是中国思想最自由的时代。人们可以依照自己的嗜好，做自己想做的事，而不用担心被扣上礼教罪人的大帽子。阮咸本人，可以看作是这群人的一个代表。

延伸阅读

杖头钱

阮籍的孙子阮修是个大名士，四十岁了还没有讨到老婆，以至于连大将军王敦都为他着急，发动大家捐款。可是他虽讨不起老婆，喝酒的钱却并不缺。他步行出游时，杖头上始终挂着数百酒钱，看到一个酒店，就取下钱沽酒狂饮。后世称之为"杖头钱"。

陶渊明：桃花源里自饮酒

陶渊明，名潜，字元亮，浔阳柴桑(今江西九江)人，是东晋时代的大诗人。他为人正直，因不满官场的黑暗而过着隐居生活。

读陶渊明的诗，淡淡的乡土气息伴着酒意，宛如身临田园。

五柳先生

陶渊明有"酒圣"之雅号，是东晋著名田园诗人，陶渊明饮酒的习惯始于少年，伴其一生。

他在《五柳先生传》中说：五柳先生不知是什么地方的人，也不知道他的姓名是什么，因为他的住宅旁边种有五棵柳树，所以被称作五柳先生。他不图名利，不慕虚荣，只是特别喜欢喝酒，可是由于家贫，不能常常买酒喝。亲戚朋友知道了，时常请他喝酒。他一去，总是喝得酩酊大醉，然后回到破屋中，读书写文，生活过得安乐自在。这个五柳先生实际就是陶渊明自己，文中写的正是他本人生活的实录。

不为五斗米折腰

"吾常得醉于酒足矣"，陶渊明对酒有一种特殊的偏爱，更享受醉后的感觉。陶渊明曾担任江州祭酒、彭泽令等小官职。彭泽（今江西彭泽）令，是他仕途生活中的最后一任官职。由于生活所迫，他不得不去当彭泽令。他一到任，就令部下种糯米，因为糯米可以酿酒。他的妻子坚持要种大米。于是，将二顷五十亩田种糯米，五十亩田种大米。

到了年底，郡官派督邮来见他，县吏就叫他穿好衣冠迎接。他叹息说："我岂能为五斗米，向乡里小儿折腰！"当天就辞去了官职，并写了一篇《归去来辞》。陶渊明

◆ 归去来兮图

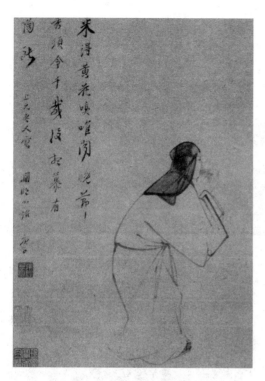

◆ 陶渊明醉归嗅菊图

器，铜器有盖，是扁平的酒壶。将盖揭开，壶内盛满酒。壶旁边刻着16个字：语山花，切莫开，待予春酒熟，烦更抱琴来。大家怀疑这酒不能喝，随即倒在地上。结果酒香满地，经久不散。

还有一个关于葛巾漉酒的故事，每当酒发酵成熟时，陶潜就取下头上的葛巾过滤酒液，用完再戴到头上。在苏轼的《谢陈秀常惠一揢巾》中，就有"夫子胸中万斛宽，此巾何事小团团，半升仅漉渊明酒，二寸才容子夏宽"的诗句。

辞官归隐的真实思想，在《归园田居》诗中，表露得十分明白。他说自己在过去的十几年中，几次出仕，但是深受羁缚，所以这次要坚决脱离官场，归隐田园，就像笼中鸟飞回大自然一样，感到无比自由和愉快。家乡的草屋、田地、树木、炊烟，乃至鸡鸣、犬吠，都是那么的亲切、可爱。

星子县归隐

归隐的陶渊明，饮酒更甚。"余闲居寡欢，兼比夜已长，偶有名酒，无夕不饮。顾影独尽，忽焉复醉。既醉之后，辄题数句自娱；纸墨虽多，词无诠次。"陶渊明在《饮酒》序里如是写道。

有关陶渊明好酒的逸闻趣事很多。相传九江境内有陶渊明埋藏的酒。一日，有农夫凿石到底，发现一只石盒，石盒内有个铜

延伸阅读

我醉欲眠，卿可去

陶渊明隐居田园，一生过着孤寂的生活，不常和别人往来。可是一看见酒，陶渊明就会眼睛发亮，纵然不认识酒主，也会凑过去共饮。有时他做主宴请客人，若于席间先醉，便向客人说："我醉欲眠，卿可去。"陶渊明爱酒之情，尽注切切诗意之中，《饮酒》诗20首，都是酒后所做。他在诗序里说，自己闲居在家，缺少欢乐，再加上近来日短夜长，遇到好酒，每晚都饮。一个人饮酒，很快就醉了。等到酒醒之后，就题诗自娱，写这些诗歌只是单纯为了娱乐欢笑而已。有时他一个人独饮，更多时候是和父老乡亲对饮，从中取得某些安慰和乐趣。更重要的是，在饮酒中可抒发出自己不愿和腐朽的统治集团同流合污的心愿。

第七讲 酒与文人——书香醇酿且沉醉

123

王绩：良酒三升使人留

　　古人提出"立言、立德、立功"，唐朝诗人王绩的一生确实是无功的，他一生中的大部分时间只做了一件事：归隐。他曾三次出来做官，但都不适合他的个性，他终身以魏晋时期的大名士阮籍为偶像，期望天天泡在酒缸里，最终选择了归隐山林，过着喝小酒、写小诗的日子。

　　名士大多是诗人，同时兼酒鬼。古人常常说诗酒酬唱，把诗和酒连在一起，这是因为诗和酒是抵御寂寞和无聊的两大武器。

神童仙子

　　王绩于公元585年生于绛州龙门（今山西河津县）。隋开皇二十年（600年），15岁的王绩游历了京都长安，成为一代枭雄杨素的座上宾，他虽年龄小，但是才思敏捷，风姿卓然，满座公卿都禁不住为他喝彩，称他为"神童仙子"。他的五言诗写得非常好，中国古代文学史认为他是五言律诗的奠基人。此公非常博学，善弹琴，还会占卜，不论在个人素质上，还是外在环境上，都使他具备了名士的气质。

养鸟饮酒

　　隋炀帝大业初年（605年），政府发布招考官员的通告，因为王绩才华卓著，被免试录用，授秘书正字。但他素来散漫惯了，受不了官场上的接来送往，作揖打拱那一套，就提出不在朝廷做官，跑到江苏省西南

◆ 茅屋聚饮

部的六合县去做县丞。所谓县丞实际上只是一个不入流的职务,是县令的副手,典文书及仓狱。不过,不入流没关系,只要有酒喝就行。王绩任职期间什么也不干,唯一的事情就是喝酒。结果有人在上司那里告状,说他擅自喝酒,玩忽职守。他一看自己待不下去,就打好铺盖卷走人了。他曾长叹:"网罗在天,吾且安之。"隋末大乱,他常和隐士仲长子光在一起饮酒赋诗,养养鸟,种种花,尤其在养鸟上很有研究。

三升待诏

《新唐书·王绩传》记载:王绩曾经在门下省当待诏,按惯例,每天给酒三升。有人问:"待诏何乐邪?"答曰:"待诏俸薄,况萧瑟,但良酝三升,差可恋耳。"侍中陈叔达闻之,曰:"三升良酝,未足以绊王先生。"特判日给一斗,时称"斗酒学士"。这段记载说的是王绩在唐朝做官的事。隋朝灭亡,唐朝建立后曾经征召隋朝的旧官。唐武德八年(625年)王绩应召,在门下省做了秘书人员。按照当时的习惯,每天有三升好酒喝。王绩的弟弟王静很奇怪,哥哥不是讨厌当官吗?怎么当秘书还当了这么久,于是问王绩:"待诏是不是很快乐啊?"就听王绩说:"薪水又低,又没啥意思,但是每天三升的好酒,还可以让人留恋。"上司陈叔达听到他们的谈话后,说:"三升美酒实在不足以令王先生在此俯就。"就把三升给他加到一斗。这回王绩就没有什么牢骚了,因为有说话的时间还不如喝酒,于是得了个"斗酒学士"的称号。

王绩家附近有块黑色巨石,他把石头

劈开,建造了一个祠堂,里面供奉的是酿酒的祖师爷杜康,另外还把焦革也供奉在里面。王焦二人堪称知音。王绩嗜酒,就连他的诗文也都带着浓郁的酒气,他最著名的作品《醉乡记》、《五斗先生传》、《酒赋》、《独酌》、《醉后》等都和酒有关。唐朝大名士李淳风赞他是"酒家南董"。南董指的是春秋时期两位不畏强暴,敢于拼命写真实历史的人,即南史和董狐。

贞观十八年(644年),痛苦且清醒的王绩在家中去世,弥留之际嘱咐薄葬。

第七讲 酒与文人——书香醇酿且沉醉

李白：仗剑载酒诗百篇

李白是中国唐代著名的大诗人，字太白，号青莲居士，祖籍陇西成纪(今甘肃秦安东)。隋末，他的祖先流寓碎叶(今巴尔喀什湖南面的楚河流域)，李白就出生于此。幼年时，他随父亲迁居绵州昌隆(今四川江油)。李白好饮酒作诗，杜甫称赞其曰："李白斗酒诗百篇。"

李白二十五岁出川远游，客居鲁郡，游长安，求取功名，却失意东归。至天宝初，奉诏入京，供奉翰林，不久便被谗出京，漫游各地。安史乱起，入永王李璘军幕，及永王为肃宗所杀，因受牵连，身陷囹圄，流放夜郎。遇赦东归，客死于当涂县令李阳冰的住所。唐朝另一诗人白居易作诗曰：

但是诗人最薄命，就中沦落莫如君。

这正是李白寂寞悲凉身世的写照。但他以富于浪漫主义的诗歌反映现实，描画山川，抒发壮志，吟咏豪情，因而成为光照千古的伟大诗人。

朝堂任狂

李白少年时就很有才华，能吟诗作赋，且博览群书。后来，他离开了四川，长期在各地漫游。天宝元年，即公元742年，唐玄宗下了一道诏书：不管是布衣还是官员，只要精通儒学或者有一技之长，当地政府都可以推荐，朝廷将量才任用。李白一直在找一个能把自己推荐给唐玄宗的人，不久

◆ 李白月下独饮

他结识了唐玄宗的妹妹玉真公主。玉真公主崇信道教，出家做了道士，李白也算是一个道人。在玉真公主和吴筠的推荐下，李白进入长安觐见唐玄宗，并任供奉翰林，为皇帝草拟文诰诏令之类的文件。李白利用与玄宗接近的机会，曾申述过对国家大事的看法，对不合理现象也谏劝过。但此时的玄宗深居宫中，沉溺于声色，他只是把李白看做满足自己享乐的御用文人罢了。

李白在任供奉翰林时，经常醉卧在酒店里。唐玄宗爱其才，召他进宫作诗。李白醉醺醺地来到宫中，竟然叫杨国忠为自己磨墨。皇上准许他脱掉鞋子坐到座位上，他就把脚伸到高力士面前说："为我脱靴。"高力士一时手足失措，就替李白把靴子脱了下来，但对此一直怀恨在心，诬陷李白诗中讽刺杨贵妃，玄宗从而疏远了李白。不久他就遭谗毁，离开了长安。李白被逐出长安后，郁郁而不得志，满腔的激愤都借酒来倾吐。

诗酒传世

李白一生嗜酒，与酒结下了不解之缘。杜甫在《饮中八仙歌》中极其传神地描绘了出来："李白斗酒诗百篇，长安市上酒家眠。天子呼来不上船，自称臣是酒中仙。"李白的酒瘾很大，在他写给妻子的《寄内》一诗中就写道："三百六十日，日日醉如泥。"在《襄阳行》诗中说："百年三万六千日，一日须倾三百杯。"

一首《将进酒》更是千古绝唱：

君不见黄河之水天上来，奔流到海不复回！君不见高堂明镜悲白发，朝如青丝暮成雪。人生得意须尽欢，莫使金樽空对月。天生我材必有用，黄金散尽还复来。烹羊宰牛且为乐，会须一饮三百杯。岑夫子，丹丘生，将进酒，杯莫停！与君歌一曲，请君为我倾耳听！钟鼓馔玉不足贵，但愿长醉不愿醒！古来圣贤皆寂寞，惟有饮者留其名。陈王昔时宴平乐，斗酒十千恣欢谑。主人何为言少钱，径须沽取对君酌！五花马，千金裘，呼儿将出换美酒，与尔同销万古愁！

一首《将进酒》读来让人顿觉潇洒酣畅，生出万丈豪情。以酒入诗不胜枚举，但没有哪一首能如此让人荡气回肠。李白嗜酒，为后世留下了很多雄奇豪放、想象丰富，具有浓厚浪漫主义色彩的诗歌。

第七讲　酒与文人——书香醇酿且沉醉

127

杜甫：饮尽生前有限杯

中国的诗歌历来与酒如影随形，从最早的《诗经》中便可以觅得酒的踪影。从曹操的"对酒当歌"到陶渊明的"饮酒"之歌，再到杜甫的《饮中八仙歌》，饮酒之诗迭出，道不尽诗人内心对酒的痴狂。

唐朝是我国诗歌发展的黄金时代，也是酒业鼎盛的时期。诗与酒的结合，唱响了时代的强音。《饮中八仙歌》所特有的洒脱与豪迈之气正是唐朝文化盛世的折射。除了李白，诗圣杜甫也是一位饮中豪杰。可以说，杜甫与李白不仅在诗歌创作上双星交辉，在饮酒上亦是并驾齐驱。最有趣的是，两位诗中泰斗曾畅饮，醉后抵足而眠。

爱酒成痴

杜甫不但性情豪爽，疾恶如仇，更是爱酒之至。他从小就开始饮酒，十四五岁即

◆ 杜甫雕像

为酒豪。他在《壮游》一诗中写道："往昔十四五，出游翰墨场……性豪业嗜酒，嫉恶怀刚肠……饮酒视八极，俗物多茫茫。"诗中"八极"意为四面八方，"俗物"乃指平庸之辈。到晚年时，杜甫喝酒更加厉害，经常酒债高筑，质衣饮酒。诗句之中酒常在。"朝回日日典春衣，每日江头尽醉归。酒债寻常行处有，人生七十古来稀。"此为千古流传之佳篇，饮酒背后多了一份凄然。

杜甫壮年时期，与李白、高适相遇，同游梁宋齐鲁，打猎访古、饮酒赋诗。他与李白情同手足，在其《与李十二白同录范十隐居》中写道：

余亦东蒙客，怜君如弟兄。醉眠秋共被，携手日同行。

并且每日与田翁共饮，诗云：

田翁逼社日，邀我尝春酒。叫妇开大瓶，盆中为我取。

结识郑虔

天宝六年(747年)，35岁的杜甫赴长安应试，因李林甫从中作梗而未被录取，"致

◆ 杜甫诗集书影

君尧舜上，再使民俗淳"的抱负化成了泡影。这时，他认识了一位酒友，即广文馆博士郑虔。此人多才多艺，诗、画、书法、音乐乃至医药、兵法、星历无所不通。但因生活困顿，常向朋友讨钱买酒。杜甫在《醉时歌》中回忆他俩喝酒时的情况，写道：

得钱即相觅，沽酒不复疑。忘形到尔汝，痛饮真吾师。不须闻此意惨怆，生前相遇且衔杯。

意为若一人得钱，就毫不迟疑地买酒找对方共饮，彼此亲密、不拘形迹，凭你的酒量，就堪称我的老师，不要去管古人的遭遇，只要我们还活着，就应一起饮酒。

病不忌酒

杜甫一生钟爱于酒，因酒还生出不少趣事。在杜甫56岁那年，他受邀参加刺史柏茂琳的宴会，乘兴纵马飞奔时，不小心从马上摔下来跌伤。朋友们听说后纷纷过来看望，自然提了不少酒来。杜甫见到了久违的美酒，顿时眼前一亮，忘了伤痛，遂挂着拐杖和朋友们到山溪边饮酒承欢。酒助诗兴，杜甫即席赋诗曰：

酒肉如山又一时，初筵哀丝动豪竹。
共指西日不相待，喧呼且覆杯中渌。

据唐人郑处诲的《明皇杂录》所载，公元770年，杜甫死于牛肉、白酒。那年夏天，杜甫因避兵乱欲到衡州，但中途在耒阳被大水所阻，船只停于方田驿，因无食物而挨饿数天。县令聂某知道后，送去了牛肉和酒。有酒相佐，杜甫胃口大开，由于胃壁已薄，故一下子吃得过饱而撑死。此说虽有争议，也可见杜甫好酒之深，酒伴随其走完生命的历程。这正应了杜甫诗中所云：

莫思身外无穷事，且尽生前有限杯。

延伸阅读

杜甫《饮中八仙歌》

知章骑马似乘船，眼花落井水底眠。
汝阳三斗始朝天，道逢麴车口流涎，
恨不移封向酒泉。左相日兴费万钱，
饮如长鲸吸百川，衔杯乐圣称避贤。
宗之潇洒美少年，举觞白眼望青天，
皎如玉树临风前。苏晋长斋绣佛前，
醉中往往爱逃禅。李白斗酒诗百篇，
长安市上酒家眠。天子呼来不上船，
自称臣是酒中仙。张旭三杯草圣传，
脱帽露顶王公前，挥毫落纸如云烟。
焦遂五斗方卓然，高谈雄辩惊四筵。

贺知章：金龟换酒共言欢

贺知章，唐越州会稽人，晚年由京回乡，居会稽鉴湖，自号四明狂客，人称酒仙。杜甫在《饮中八仙歌》中形容"知章骑马似乘船，眼花落井水底眠"。

唐天宝元年(742年)，江南会稽郡的剡溪一带有两个人正在尽兴遨游，或攀登青山，或泛舟碧波。其中一位身穿道袍，他的名字叫吴筠，是位信奉道家学说的隐士，颇有点仙风道骨；另一位就是著名的大诗人李白，对道家学说有着浓厚的兴趣。两位好友正在赋诗饮酒、谈经论道，忽然一个道童急急忙忙赶来，报告一个特大喜讯："当今天子玄宗皇帝召见吴筠先生！"

吴筠走了，李白为朋友的幸遇感到高兴。联想到自己，不免一阵惆怅。

初识谪仙

没过多久，李白的住处来了一位贵客，正是秘书监贺知章。贺知章不仅是一位高官，还是一位诗人、酒徒兼道教信奉者，两人一见如故。李白向贺知章出示了自己的作品，当贺知章读到《蜀道难》时，更是赞不绝口，说："这样的诗歌真可谓惊天地、泣鬼神啊！"

他仔细端详着李白，望着李白一派道家风范、神采飞扬的模样，大声地说："你可不是天上的谪仙人吗！你是太白星下凡啊！"从此，"李谪仙"、"诗仙"的称号

不胫而走。

金龟换酒

贺知章得知李白不仅是诗仙，还是个酒仙时，激动万分，连忙拉李白上酒楼，非要来个一醉方休。所谓酒逢知己千杯少，两人喝得杯盘狼藉，才发现都没带钱。情急之下，贺知章突然大叫："有了，有了！"顺手掏出腰间佩饰的金龟招呼店小二，付了酒账，然后两人醉眼惺忪地扬长而去。

◆ 贺知章雕像

这件事非同小可。唐朝官员按品级颁赐鱼袋,鱼袋上用金属做的龟作为饰品:五品官用钢龟、四品用银龟、三品以上用金龟。贺知章担任的秘书监官居三品,自然佩金龟。这个金龟是皇帝所赐,随便拿来换酒喝,追究起来,属于欺君之罪,这在历史上是有案可查的。

晋朝人阮孚,位居黄门侍郎、散骑常侍,佩饰金貂。阮孚即"竹林七贤"中阮咸的次子。阮咸与姑妈家一个鲜卑族丫鬟恋爱,"故婢遂生胡儿",取名叫阮孚,就是因为孚、胡同音。大概是遗传的缘故,阮孚也十分贪杯,一次饮酒忘带银两,付不出酒钱,便把皇帝所赐的金貂拿出来换酒,结果被监察部门弹劾。幸亏皇帝知道他是名士,未加治罪。

至于贺知章为什么没有被追究,史书上没有明确的记载。想来唐王朝对官员的监察颇有漏洞,也可能事情牵扯到李白,唐玄宗正在用人之际,睁一眼闭一眼也就过去了。但是,不管怎么说,贺知章还是很讲义气的,冒着风险替朋友买酒,此举足以感动天下酒鬼。于是,金龟换酒也成了酒史上的一段佳话。

唐天宝三年(744年),贺知章告老还乡,李白情深难舍,作《送贺宾客归越》诗道:

镜湖流水漾清波,狂客归舟逸兴多。

山阴道士如相见,应写黄庭换白鹅。

表达了他对贺知章的情谊和后会有期的愿望。不幸的是,贺知章回到家乡不到一

◆ 李白雕像

年,便仙逝道山。李白十分悲痛,又写下了《对酒忆贺监二首》:

四明有狂客,风流贺季真。

长安一相见,呼我谪仙人。

昔好杯中物,翻为松下尘。

金龟换酒处,却忆泪沾巾。

可见"金龟换酒"一事,给李白留下了多么深刻的印象。

延伸阅读

孟浩然嗜酒误官

襄阳刺史兼山南东道采访处置使韩朝宗与孟家是世交,颇欣赏浩然之才,眼见他困顿田园,打算举荐他入朝为官,二人相约一起进京运作。偏巧在约好出发的日子,老孟的几个朋友来了,大家作诗饮酒,其乐滔滔,他早把进京之事抛到了九霄云外。有人提醒他与韩公有约,他斥责道:"你没看见我正喝酒吗?"老韩很生气,独自走了,浩然酒醒了,却一点也不后悔。

白居易：青衫寥落醉司马

白居易爱喝酒，而且写了大量和酒有关的诗句。他在《自题酒库》中写道："野鹤一辞笼，虚舟长任风。送愁还闹处，移老入闲中。身更求何事，天将富此翁。此翁何处富，酒库不曾空。"刘仁轨评价说，白居易是以"一醉"为富，可谓一语中的。

在历代文人中，陶渊明好酒，王绩好酒，李白好酒，那都是出了名的，而白居易好酒，也是非常著名的。

典衣卖马酤酒饮

白居易家有酒库，还把酒坛放在床头。

◆ 白居易雕像

睡前要喝，醒来也要喝；独自一人要喝，亲朋好友来时更要喝；在家中、寺观要喝，在山野林间、溪边船头也要喝；有钱沽酒要喝，没钱卖马典衣也要喝；有下酒菜要喝，没有下酒菜，就是吟诗、弹琴也要喝。白居易平生最喜两样活动，就是喝酒和登山，直到晚年时依然酒性难改，"见酒兴犹在，登山力未衰"。他经常喝得酩酊大醉，或笑或狂歌，"陶陶复兀兀，吾孰知其他"。

白居易几乎每到一处当官，都要取一个与酒相关的号。他当河南尹时，自号"醉尹"；贬为江州司马时，自号"醉司马"；当太子少傅时，自号"醉傅"；到晚年退休不干了，官衔没了，还自号"醉吟先生"。白居易现存诗3000多首，其中咏酒的诗就有900多首，占总数的四分之一以上。如果不是爱好于酒、精通于酒、得趣于酒的话，是写不出如此之多的酒诗的。

醉饮先生

白居易自号"醉吟先生"，还写了一篇夫子自道的《醉吟先生传》，成为酒史上

◆ 白居易《琵琶行》诗意图

不可多得的名篇。这篇奇文是模仿陶渊明的《五柳先生传》而作的，当时白居易已经67岁，担任太子少傅分司东都之职，生活在洛阳。可是，文章一开始却这样写道：

> 醉吟先生，忘其姓字、乡里、官爵，忽忽不知吾为谁也。宦游三十载，将老，退居洛下。所居有池五六亩，竹数千竿，乔木数十株，台榭舟桥，具体而微，先生安焉。性嗜酒，耽琴，淫诗，凡酒徒、琴侣、诗客多与之游。……洛城内外六七十里间，凡观寺、丘墅有泉石花竹者，靡不游；人家有美酒、鸣琴者，靡不过；有图书、歌舞者，靡不观。

醉吟先生沉浸在酒、琴、诗的海洋中，连自己的名字、籍贯、职务都忘得一干二净，甚至连自己是谁都不记得了，其中洋溢着浓烈的返璞归真的老庄思想，正所谓"复归于婴儿"，充满着童心、真趣。白居易素来把酒、诗、琴视为最知心的三个朋友，宣称"平生所亲唯三友，三友者为谁？琴罢辄饮酒，酒罢辄吟诗，三友递相引，循环无已时。"文章在结束时说：

> 既而醉复醒，醒复吟，吟复饮，饮复醉。醉吟相仍，若循环然。由是得以梦身世，云富贵，幕席天地，瞬息百年，陶陶然，昏昏

然，不知老之将至，古所谓得全于酒者，故自号为醉吟先生。于时开成三年，先生之齿六十有七，须尽白，发半秃，齿双缺，而觞咏之兴犹未衰。顾谓妻子云："今之前，吾适矣，今之后，吾不自知其兴何如！"

最后一句话是说：对今天以前，我很满意；今天以后，不知兴致会怎样？大有今朝有酒今朝醉的气概。白居易的这篇奇文影响很大，据《唐语林》记载：

> 白居易葬(洛阳)龙门山，河南尹卢贞刻《醉吟先生传》于石，立于墓侧。相传洛阳士人及四方游人过瞩墓者，必奠以卮酒，故冢前方丈之土常成渥。

延伸阅读

醉吟先生墓志铭

白居易曾为自己写过一篇墓志铭，题目就是《醉吟先生墓志铭》。词如下：

乐天，乐天，生天地中，七十有五年，其生也浮云然，其死也委蜕然。来何因，去何缘？吾性不动，吾形屡迁。已焉已焉，吾安往而不可，又何足厌恋乎其间？

白居易正是怀着这样达观的心态，潇洒西归。据说，看了他墓志铭的人都以酒来祭奠，以至墓前的土经常湿淋淋的，白居易地下有知，也无憾了。

第七讲 酒与文人——书香醇酿且沉醉

133

石曼卿：高歌长吟插花饮

石曼卿，名延年，以字行于世，北宋宋城人（今安徽阜阳），生于北宋淳化五年（994年），是宋代著名的文学家。其酒量和饮酒风度，堪称"酒徒"中的翘楚。

名士之中善于饮酒的人很多，简直可以车载斗量，但是像石曼卿那么大酒量，这么善于玩弄花样的人却比较罕见。他不缺乏政治天分，很有作为，可惜却英年早逝。

酒家轶事

石曼卿喜欢饮酒，并且酒量惊人。他和大侠刘潜是好朋友，两个人常常吹嘘自己酒量大。有一次，他们听说京城新开了一家王氏酒楼，便相约去喝酒，到了酒楼后，要了几碟简单的下酒菜，就让酒家拿最好的酒出来。酒楼掌柜一看二人气度不凡，不敢怠慢，赶紧叫酒保为每人沽了两角花雕，没想到二人根本不使用酒杯，直接拿起量酒的酒角子把酒喝了。石曼卿望着掌柜的说："酒是好酒，只可惜太少了。"掌柜的一看，知道不能把二人当凡俗之人看待，立刻叫酒保搬来了一坛花雕。石曼卿

用手摸着坛子上的泥封，笑着对酒家说："这就对了。"

他说完这句话，就不再多说一句，小心翼翼地启开泥封，然后和刘潜喝起酒来。这两人喝酒，既不行酒令，也不搞分曹射覆那一套，而是不停地喝。正如李太白诗中所言，一杯一杯复一杯。两人从早上一直喝到傍晚，一坛花雕喝完，又接着喝了几坛竹叶青。看着天黑了，石曼卿这才站起来付了酒钱，面不改色地对刘潜拱拱手说："今日喝酒甚欢，改日再叙。"次日，整个京城都传说王氏酒家去了两位酒仙，喝了一天的酒。

以酒会远客

石曼卿在海州担任通判时，有一天刘潜来访。有朋自远方来，不亦乐乎。面对老友，他十分高兴。当即邀请刘潜上船，原来

◆ 松下醉饮

他的船上藏有佳酿和四时果品，这让刘潜大喜。两人坐定后，立刻开始豪饮，一直喝到半夜，眼看船上的酒要喝光了，这时，石曼卿发现船上有一斗醋，就把醋倒进剩下的酒中，两人接着喝，一直把混合了醋的那坛酒也喝光，二人才罢休。这时候天已大亮了，两人喝了整整一夜。古人说，酒中识英雄，月下看美人。石曼卿真可谓酒中豪杰。

宋仁宗执政后，石曼卿被提升为秘阁校理，这个职位虽然不显赫，但却在皇帝的秘书机构任职，属于皇帝的"智囊团"成员。当时，契丹人和党项人都建立了自己的政权，在华夏大地上形成了辽、宋、夏共存的局面。石曼卿对辽国和西夏的威胁非常担心，曾提出了一套很专业的防御策略（二边之备），可惜不为皇帝接受。

石曼卿不但喝酒好，胸中也有非常之志。史载他为人以气自豪，读书通大略，不专治章句，特别钦佩古人的大英雄气度和不世功勋。他的文章效法韩愈和柳宗元，有古意，大气磅礴。

北宋景祐五年（1038年），西夏王改称皇帝，定国号为大夏。从康定元年到庆历二年，西夏每年都要对北宋发动一两次大规模的军事进攻，宋军常常战败。满朝文武这才重视起石曼卿的言论。他临危受命，负责起了西北的军事防御。这一次，他充分施展自己的才华，短时间内就从河北、河东、陕西等地征召了几十万大军，有效地起到了防御作用。宋朝廷对他的功绩非常看重，特别赐给他绯衣银鱼，可就在这时他却病倒了，不久去世，年仅四十八岁。

◆ 石曼卿读书处

在宋代，石曼卿的诗文就已经成为人们传唱的作品，他的名作《寄尹师鲁》被赞誉"词意深美"。

延伸阅读

酒怪

石曼卿被称为"酒怪"，他喝酒的时候披头散发，赤裸双脚，还在双手上戴上枷锁，称之为"囚饮"；有时候晚上也不点灯，自己摸黑喝酒，而且要求一起喝酒的客人也这么做，称之为"鬼饮"；有时候爬到树上去饮酒，称之为"巢饮"；有时候和客人一起喝酒，他突然爬到树上，过一会儿又跳下来，如此反复，称之为"鹤饮"；有时候用麻绳把稻草捆在自己身上，直捆的像棕子一般，而且连一起喝酒的客人都捆上，只伸出脑袋喝酒，称之为"鳖饮"。

苏轼：把酒临风问青天

苏轼，字东坡，四川眉山人，宋代著名的文学家，也是著名的酒徒。他的诗、词都有浓浓的酒味，正如李白的作品一样，假如抽去酒的成分，色、香、味都会变淡。

苏轼文学造诣颇深，备受世人称道，作品千古流唱，经久不衰。苏轼与大多数文人一样，虽不是嗜酒如命，但每日必饮，乐在其中。古时酒者分等，上下品分别称为"酒贤"、"酒董"辈。大名鼎鼎的苏轼就属于"酒贤"之辈，好酒而不滥饮，很能把握度量。酒界有个规矩：喜饮有节，虽偶至醉亦不越度，谈吐举止中节合规，犹然儒雅绅士、谦谦君子风度。这大概就是孔子所说"唯酒无量，不及乱"。

杯中人生

苏轼每饮酒，必出惊人之作，但不贪杯，追求酒不醉人人自醉的境界。中国人向来好客，不喜欢独饮，常常是待客闲聊，品酒作趣。苏东坡也不例外，他尤其喜于见客而举杯。他曾说：

"我饮悟终日，不超过五杯。天下不能饮酒的，不在我的下面。我喜欢欣赏别人饮酒，看到别人举起酒杯，慢慢地喝，我心里已觉满足，似乎也尝到了酒醉的味道。这种味道比饮者本人还强烈。我闲居时，每天都有客人来，客人来了，就喜于设酒招待。"

此番自我描述，足可见苏轼喝酒，善于玩味酒的意趣，他追求的亦是人入醉乡，我入乐境。

苏轼不但出生于众所周知的文学世家，也出生于一个饮酒世家。他的祖父、父亲均嗜酒，而他在饮酒方面则青出于蓝而胜于蓝。他曾这样说：我每天要饮酒作乐，倘若没有酒喝，就会疾病缠身。

◆ 苏轼

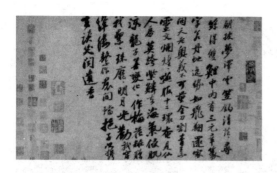

◆ 苏轼书《李白诗卷》

酒贤情怀

苏轼不但爱酒、饮酒，还会酿酒、赞酒，在他的诗、词、赋、散文中，幽香阵阵，酒意袭人。苏轼不但喝酒，还自己酿酒，有"酿酒专家"的美誉。他在黄州酿蜜酒，用少量蜂蜜掺以蒸面发酵。他还用米和米饭为主料做成米酒。在定州时酿过松酒，这种酒甜中带点苦味，颇有后味，在广东惠州，酿过桂酒，用生姜、肉桂做配料酿成，苏轼称这种酒是天神的甘露。

酒能解忧，苏轼与中国大多数文人一样，常常借酒消愁，以酒寻得心理平衡。元丰二年（1079年）七月，苏轼因诗文"讥讽朝廷、指斥皇上"被捕入狱，这正是闻名于世的"乌台诗案"。后得张方平、范镇等人相救，才释放出狱贬职于黄州。到了黄州的苏轼，心灰意冷，把名利得失置之度外，终日与酒为伴。苏轼的许多名篇，都是酒后之作。《前赤壁赋》、《后赤壁赋》等等，也多少借了酒的灵气，流传千古。最有代表性的是《前赤壁赋》，文中所述他与客人泛舟于赤壁之下。在船上，他们饮酒、歌唱，欣赏江上美景。继而写客人吹箫，声色凄厉，心境由喜入悲。与客人一起畅饮酣睡，直到

天明。字里行间，无不透露出苏轼以旷达来摆脱对现实的苦闷，借酒麻醉自己，寄情于山水的心态。苏轼虽时有失志，但多数作品还是体现其生性豁达乐观的个性的。

他酷爱作画，尤其善于画枯木竹石，作画前必先饮酒，酒兴画起。黄庭坚为其画题诗曰："东坡老人翰林公，醉时吐出胸中墨。"描述的正是苏轼酒醉作画的情景。会作画的人书法也好，苏轼就是这样，在书法方面也大有建树，名列北宋四大书法家"苏黄米蔡"之首。同样，他书写之前也先饮酒，酒上心头，一挥而就，曾自言：

> 吾酒后乘兴作数十字，觉气拂拂从十指中出也。

苏轼与酒，颇多美言，其绝世之作无不与酒相关。虽然酒在文人心中妙不可言，但大多数成就皆属勤学苦练之结果。大文豪苏轼饮酒有度，被视为文人之典范。

延伸阅读

乌台诗案

乌台指的是御史台，汉代时御史台外柏树很多，栖居乌鸦，所以人称御史台为乌台，也戏指御史们都是乌鸦嘴。

北宋神宗年间苏轼反对王安石新法，并在自己的诗文中表露了对新政的不满。御史中丞李定、舒亶等人便摘取苏轼《湖州谢上表》中的语句和此前所作诗句，以谤新政的罪名逮捕了苏轼，此事纯属政治迫害。由于宋朝有不杀士大夫的惯例，所以苏轼免于一死，但被贬为黄州团练。

欧阳修：醉翁之意不在酒

宋代诗人欧阳修，一生与酒结缘，号醉翁，得意时与酒共欢，失意时借酒浇愁，留下千古佳作。

人们常说"醉翁之意不在酒"，这句话出自欧阳修的《醉翁亭记》。欧阳修虽然出身于贫寒之家，终因学而优则仕，步入仕途。但为官不久，便遭遇诬陷，于宋仁宗庆历七年，被贬官到滁州做太守。命运的转折、仕途的不顺让欧阳修倾慕于酒，每每借酒抒怀，皆成佳作。所著《醉翁亭记》一文，酒意甚酣。

传世雄文

一天，欧阳修带着酒食游山，途中遇到几位砍柴的百姓和一位教书先生，便邀他们一同到新修建的醉翁亭歇息闲谈，畅饮抒怀。几杯酒下肚，欧阳修已醉意朦胧，诗兴大发。《醉翁亭记》所记，醉翁亭周围山美水秀，美景如画。在欧阳修看来，欣赏山水的乐趣，只能心领神会，喝酒只是一种寄托。他所设太守宴，皆为临渊而渔，酿泉为酒，加之附近拔了些野菜，简单之中不乏惬意。与友人聚到一起饮酒，悠闲自得，众来宾欢呼沸腾，欧公却醉然其中。

遭受诬陷

为什么欧阳修明明酒量不佳，"饮少辄醉"，却偏偏喜欢喝酒，又自称"醉

翁"，将新建的亭子命名为"醉翁亭"呢？

原来，欧阳修因"帷薄不修"的罪名吃了一场冤枉官司，被贬谪到滁州当了太守。庆历五年（1045年）夏秋之交，河北转运按察使欧阳修被逮捕入狱，下到开封府审讯，一时朝野震动。欧阳修是著名词臣，文学成就卓著，誉满海内，偏偏案涉风流而又扑朔迷离，自然引起四方注目。欧阳修的外甥女张氏从小失去双亲，由欧阳修抚养成人，后嫁给欧阳修的侄儿欧阳晟为妻。这位

◆ 一代文宗欧阳修雕像

◆ 醉翁亭

张氏耐不住寂寞，趁欧阳晟当官外出之际与仆人陈谏通奸，事发后交开封府右军巡院审判。张氏受审期间，为减轻罪名，胡乱招供，攀扯欧阳修。

右军巡院的判官孙揆，只上报了张氏与陈谏通奸之事，宰相陈执中大怒，他从亲信那里获知张氏的"供词"，认为大有妙用，就命令太常博士苏安世再去勘察，将张氏的供词肆意夸张，记录在案。为了慑服人心，他又派与欧阳修有矛盾的宦官王昭明前去监督。因为当初欧阳修出任河北转运使时，仁宗令王昭明同往，辅助欧阳修治理河北。欧阳修立即上书申说，严词拒绝宦官同往，迫使朝廷收回成命。陈执中以为王昭明一定会怀恨在心，伺机对欧阳修打击报复。不想王昭明是位有良知的宦官，他认为自己与欧阳修的矛盾纯属公务，并无任何私仇，王昭明深入调查后，发现供词纯属捏造，是严刑拷打的产物，最终案件不了了之，表面上看这是一起单纯的污蔑案，其实背后隐藏着一场严酷的政治迫害。

作文鸣不平

庆历四年(1044年)四月，正当范仲淹的"新政"蓬勃开展时，那些贪恋权势、昏庸不堪的元老派不愿意退出朝廷，诬陷范仲淹、欧阳修、尹洙、余靖等人结党营私。欧阳修愤而作《朋党论》，伸张正义。他提出："君子与君子以同道为朋，小人与小人以同利为朋。然臣谓小人无朋，惟君子则有之。"文章针锋相对地批驳了朋党。为此，欧阳修被贬河北。但他仍然不肯退缩，决心坚持操守、进退不敬，以自己的生命、前程去殉自己的事业、理想。因此，在河北转运使任上，他又写下了《论杜衍范仲淹等罢政事状》，为已罢官的范仲淹等人鸣冤叫屈，据理力争。

陈执中、夏竦等保守昏聩的老官僚，对欧阳修怀恨在心，趁机借所谓"桃色案件"报复。案件虽子虚乌有，但欧阳修却被革去现职，再贬为滁州太守。当年清秋之时，欧阳修怀着愤懑的心情，策马离开了汴京。

延伸阅读

醉翁亭

醉翁亭坐落在安徽滁州市西南琅琊山麓，小巧独特，具有江南亭台特色。它紧靠峻峭的山壁，飞檐凌空挑出。数百年来虽屡次遭劫，又屡次复建，终不为人所忘。琅琊山虽不甚高，但清幽秀美，四季皆景。山中沟壑幽深，林木葱郁，花草遍野，鸟鸣不绝。更有唐建琅琊寺、宋建醉翁亭和丰乐亭等古建筑群，以及唐宋以来摩崖碑刻几百处，其中唐代吴道子绘《观自在(即观音)菩萨》石雕像和宋代苏东坡书《醉翁亭记》、《丰乐亭记》碑刻，被人们视为稀世珍宝。

苏舜钦：豪饮不醉为解忧

苏舜钦是北宋著名诗人，字子美，祖籍梓州铜山（今四川中江南）人，后移居开封。他喜欢喝酒，罢官后在山野购置林地，筑楼造屋，修植竹木，建成沧浪亭，终日在其中饮酒长啸，写诗作文。

真正的酒徒是不在乎下酒菜的，玉盘珍馐固然可以，几粒花生也能将就，只要酒好，甚至只要有酒就行。但是，很少听说用书当下酒菜的，但北宋的苏舜钦就用《汉书》下酒，居然还喝得津津有味。

汉书下酒

苏舜钦是北宋名士，出身名门，祖父苏易简任参知政事（即副宰相），父亲苏耆曾为工部郎中。苏舜钦性格豪爽，非常喜欢喝酒，而且酒量很大。结婚后，他住在岳父家。他的泰山大人也是个大人物，名叫杜衍，官居宰相兼枢密使。杜衍很喜欢女婿，否则也不会把女儿嫁给他。但是，他很快就发现了一个小秘密：苏舜钦每天晚上都要喝一斗酒，却不见他到厨房拿什么菜，究竟是怎么回事呢？虽然不至于怀疑女婿偷酒出去卖，但关心一下总没错，于是杜衍派弟子暗中观察。

这位弟子来到书房窥视，只见苏舜钦独自一人，边喝酒边看《汉书》。读到《汉书·留侯列传》描写张良委托杀手在博浪沙用大铁锥刺杀秦始皇，仅中副车而失败时，苏舜钦激动地拍案而起，大声感慨："真可惜，居然没有击中！"说完，满斟一大杯。读到张良对汉高祖刘邦说自己能与高祖相遇、相知于留地，都是

◆ 沧浪亭园林，苏舜钦罢官后曾在此置地买园，隐居于山水之间。

由于上苍的安排时，苏舜钦又拍案感叹："君臣相遇，竟然如此艰难！"说完，又干了一大杯。

听了弟子的汇报，杜衍哈哈大笑："原来他有如此下酒之物，喝一斗酒也不算多。"杜衍的女儿也十分通达，对苏舜钦的嗜酒从不干涉，一切悉听君便。苏舜钦生活在这一样一个宽容、开通的环境中，诗文造诣突飞猛进。他的诗歌与梅尧臣齐名，史称"苏梅"，开宋诗一代风气。

进奏院事件

庆历四年(1044年)，苏舜钦被捕入狱了，理由极其荒唐。庆历三年，苏舜钦被范仲淹推荐为集贤校理、监进奏院。庆历四年十一月，进奏院举行岁末祀神，苏舜钦按惯例将院里积攒的废纸卖掉，充当酒席费用，钱不够，与宴者各出钱赞助。祀神完毕后，宴会开始，酒酣耳热之际，众人又招来歌妓伴酒，大家纵情欢笑。一位名叫王益柔的官员已经喝得酩酊大醉，凭着一股酒劲，热血沸腾，当场创作了一首《傲歌》。这首《傲歌》中有句诗云"醉卧北极遣帝佛，周公孔子驱为奴"，不仅冒犯圣人，而且挥斥天帝、佛祖。其实，这不过是文字游戏，况且是酒后戏作，不可当真。可是，有个小人偏偏把事情搞大了。

太子舍人李定当初很想出席这次雅集，便托梅尧臣出面，要求参加宴会。苏舜钦讨厌这个小人，严词拒绝。李定听说了宴会情况，跑到御史中丞王拱辰那里告状，说苏舜钦盗卖进奏院财物，还请来了歌妓。最严重的是，他们要骑在天帝、大佛、周公、孔子的头上！

王拱辰是宰相吕夷简的同党，而吕夷简是范仲淹的政治对头，一向反对范仲淹的革新。吕夷简听到诬告，高兴得手舞足蹈，与王拱辰密谋，指使人弹劾苏舜钦等人因此被捕入狱，一时朝野震惊。幸亏枢密副使韩琦出来讲了公道话，苏舜钦才被释放，但仍以监守自盗的罪名，被削职为民。"进奏院事件"的背后隐藏着复杂的政治斗争，吕夷简的主要斗争目标是范仲淹。不久，范仲淹等人相继遭贬，庆历新政就这样宣告失败。苏舜钦从此浪迹江湖，他来到苏州，建造了著名的园林沧浪亭，如今已成为苏州的一个名园。

延伸阅读

辛弃疾戒酒

辛弃疾晚年隐退山林，曾试图戒酒，为此他还做了一首《沁园春》词来勉励自己：杯汝来前，老子今朝，点检形骸。甚长年抱渴，咽如焦釜，于今喜睡，气似奔雷。汝说刘伶，古今达者，醉后何妨死便埋。浑如此，叹汝于知己，真少恩哉。更凭歌舞为媒。算合作人间鸩毒猜。况怨无大小，生于所爱，物无美恶，过则为灾。与汝成言，勿留亟退，吾力犹能肆汝杯。杯再拜，道挥之即去，招亦须来。

一天，他的好友带着酒进山看他，辛弃疾被好友几番劝酒后，就又破戒了，而且喝得大醉。酒醒之后，他又做了一首词宽慰自己。

刘过：怀才不遇空遗恨

　　刘过是南宋文学家，字改之，号龙洲道人，襄阳人，后移居吉州太和（今江西泰和县），少怀志节，读书论兵，好言古今治乱盛衰之变。他曾多次上书朝廷收复中原而不被采纳，又屡试不第，漫游江、浙等地，依人作客，与陆游、陈亮、辛弃疾等交游。后布衣终身，去世于昆山，今其墓尚在。

　　南宋是我国诗词文化鼎盛的时代，好酒的文人亦是不乏其数。刘过落拓一生，在文坛上留下了不少酒意甚浓的故事。

狂生拜稼轩

　　相传辛弃疾在浙东任职的时候，流落此地的刘过欲前去拜见，辛公对其不予理会。刘过无奈，只得求助于辛弃疾的朋友出谋划策。受辛弃疾友人的点拨，待到府幕举行公宴之时，刘过按计行事，在府门前大声喧哗。果然，辛弃疾闻门外人声嘈杂，忙问

◆ 昆山刘过墓

何故。守门人告之刘过求见，辛弃疾听后十分生气，认为此人粗俗无礼。此时辛弃疾的一位朋友从旁劝道："刘过为人豪爽，又善于作诗，不妨让他进来试试。"辛弃疾半信半疑，微微点头应允。刘过进得府中，拱手向辛弃疾作揖礼拜。辛弃疾问道："你赋诗如何？"刘过点头称是。恰逢席间刚上了一道羊腰肾羹的菜，辛弃疾指着这道菜让刘过以此赋诗。刘过却说道："天甚冷，先讨杯酒喝。"因举杯手颤，刘过不慎洒酒弄湿胸襟，于是就用"流"字为韵。他即席吟道：

> 拔毫已付管城子，烂胃曾封关内侯。

> 死后不知身外物，也随樽俎伴风流。

辛弃疾听后惊为天人，忙请他入席并坐，命人奉上羊肾羹让他尝鲜，待其如上宾。刘过自这次乞酒赋诗之后，便与辛弃疾结为知己。

终生知交

两人闲时常饮酒赋诗，切磋学问。一次，辛弃疾派人请滞留杭州的刘过前来交谈，不料刘过因事不得脱身，来人带回刘过所填《沁园春》一首，词中委婉地说明了滞留原因：

> 须晴去，访稼轩未晚，且此徘徊。

他在词中借酒论之，自言被古人白居易、林逋和苏轼留住，暂时未得脱身。辛弃疾得《沁园春》后大喜，待刘过相邀而至，二人饮酒长达月余。此间，辛弃疾常拿钱接济落魄的刘过，刘过每以钱换酒，不多时便将钱财消耗殆尽。

临别时刻，刘过得知母亲生病，此时自己又分文不存，难以成行。辛、刘二人微

服前往酒家畅饮，适逢辛弃疾的一个下官在此饮酒大设排场，恣意挥霍，勒索酒家。见二人入内，这位不识辛弃疾的官员居然令下人将辛、刘二人轰了出去，二人相顾大笑而归。辛弃疾随后命人调查这名官员，要没收他的家财并将其流放。这名官员赶紧四处求情，并亲自奉上五千绢为刘过的母亲祝寿，恳请刘过在辛公面前说情。

刘过临行那天，辛弃疾为刘过备船相送，并把得来的万缣放于船中。他对刘过说："有钱在身，你此去不要再为母病担忧了。"后来辛弃疾前往镇江任职，刘过时常前去探望。

刘过本是性情豪爽之人，常酒后吐狂言，"自放于礼法之外"，亦因此久陷贫困之境地，常有灾祸加身。在其文《建康狱中上吴居文》中，曾记述他被诬入狱的惨痛经历。

第七讲 酒与文人——书香醇酿且沉醉

143

曹雪芹：举家食粥酒常赊

曹雪芹是清代著名的文学家，名霑，字梦阮，号雪芹、芹圃、芹溪，满洲正白旗人。在逆境中，他花费十多年的时间，创作了伟大的小说《红楼梦》。

曹雪芹家自曾祖起，三代人任江宁织造，他的祖父曹寅尤其受康熙帝器重。雍正初年，因统治阶级内部政治斗争的牵连，曹家遭到重大打击，他的父亲被免去官职，家产也被抄。曹雪芹随家人迁居到北京西郊，从此以卖画为生，生活十分贫苦。

酒友论交

曹雪芹能唱，能弹，能写，能画，是个多才多艺的人。他性格豪放，嗜酒成性，常与好友张宜泉、敦诚、敦敏饮酒。张宜泉是教书馆的私塾先生，家境清寒，但他傲骨壮怀，诙谐放达，尤爱好吟诗喝酒。他和卖画为生的曹雪芹相见后，很快就成了知心朋友。曹雪芹和张宜泉的交往频繁而密切，有时曹雪芹去访张宜泉，宜泉就留他住宿，两人每天喝酒吟诗，一直到深夜还不肯睡觉。有时张宜泉携琴载酒去访曹雪芹，有时敦氏弟兄到郊外来看曹雪芹，他会特地邀张宜泉来作陪共饮。

宝刀质酒

敦敏、敦诚两兄弟是曹雪芹在宗学里结识的朋友。当时，曹雪芹在宗学里当差，敦家兄弟在宗学里学习，由于双方的脾气、爱好相投，遂成为知交。他们经常在一起饮酒赋诗，弹唱取乐，如果有一段时间没有聚饮，就互相思念起来。曹雪芹与敦诚相聚次数很多，两人之间还发生了佩刀质酒的故事。一年秋末，曹雪芹从西山来北京城看望敦敏，住在槐园。他在客房中睡不好，很早就起床。清晨寒气逼人，曹雪芹衣裳单薄，

◆ 清代孙温绘本《红楼梦》（局部）

◆ 清代孙温绘本《红楼梦》（局部）

竟冻得瑟瑟发抖。这时，嗜酒如命的他只想喝一斤热酒。可是，时间还早，没有地方能买到热酒。正在他徘徊苦闷之时，有个人披衣戴笠而至，正是挚友敦诚。敦诚在这里见到曹雪芹，惊喜不已，两人相视大笑，找了一家小酒店，沽酒对饮。曹雪芹几杯酒下肚，精神焕发，滔滔不绝，高谈阔论起来。敦诚知道曹雪芹的脾性，饮酒必醉，醉则纵谈，有时叫嚣的声音，让不熟悉他的人害怕。两个人一杯一杯地喝得非常痛快，喝完酒后，一摸口袋，囊中空空。于是，敦诚就解下佩刀说："这刀很好，明似秋霜，可是把它变卖了，却买不到一头牛；想拿它去临阵杀敌，却不能上战场，还不如将它作抵押，多弄一些酒来喝。"曹雪芹听后，连说："痛快！痛快！"于是乘着酒兴，做了一首长歌。

酒暖寂寞怀

曹雪芹在西山过着饥寒交迫的生活，他以卖画为生，挣的钱除了维持一家吃粥以外，都拿去买酒喝了。没有钱的时候，曹雪芹就像唐代的郑广文那样，向别人乞讨酒钱。此外，他还常到酒店里赊账，赊了酒回家，一个人坐着喝个痛快。赊账到一定数额后，他就卖画，弄一些钱，再到酒店还债。曹雪芹有一个爱子，得痘疹死了，他悲痛万分，每天都到坟上瞻顾徘徊，伤心流泪，回家后就以酒来消除自己心里的悲痛。

曹雪芹一生历经坎坷巨变，愁愤郁结，在贫病交加中挣扎。新仇旧恨接踵而至时，他难以排解，只能一醉方休。

延伸阅读

蒲松龄酒讽贪官

某天，蒲松龄应邀到侍郎毕际有家做客，大家用"三字同头，三字同旁，韵脚不限"饮酒对诗。毕际有带头吟了一首："三字同头左右友，三字同旁沽清酒，今日幸会左右友，聊表寸心沽清酒。"尚书是个欺压百姓的贪官，他接着吟诗道："三字同头官宦家，三字同旁缎绸纱，若非朝廷官宦家，谁人能穿缎绸纱？"蒲松龄见他盛气凌人，沉思片刻高声吟道："三字同头哭骂咒，三字同旁狼狐狗，山野声声哭骂咒，只因道道狼狐狗。"此诗影射了贪官，道出了正直人士对黑暗世道的不满。

酒与艺术——一曲流觞琥珀光

诗中酒文化

酒伴随人类文明进步而产生，诗则是人类智慧的结晶，它们之间有很多相似之处。因此，酒和诗在诞生后，就产生了不解之缘。可以说，酒中有诗歌，诗中有美酒。

美酒佳酿和诗有着不解之缘。酒起源于远古时期，而诗也产生于彼时。我国最早的诗歌总集《诗经》有三百零五篇，其中有近五十篇都涉及酒，这可以说是首开酒为诗侣的先河。后来，荆轲在刺秦王前，酒酣辞行时唱《易水》歌；刘邦宴饮大醉时唱《大风》歌；曹操也曾酾酒临江写下不少有关酒的诗歌。

魏晋诗人与酒

魏晋时代，陶渊明超越了前人在诗与酒上的关系，在诗中赋予酒以独特象征。他性格清高，性嗜酒。因家贫不能常饮酒，亲朋知道他这个嗜好后，就常置酒招待他。他一饮辄尽，每饮必醉，常在酣饮后赋诗，他有几十首诗写到了饮酒。他的饮酒诗主要表现自己远离污浊官场，归隐田园的乐趣。陶渊明的时代，政治黑暗，官场腐败，因此他痛感世道险恶，很早就弃官归隐。陶渊明在自己的《饮酒诗》之十四中写道：

故人赏我趣，挈壶相与至。班荆坐松下，数斟已复醉。父老杂乱言，觞酌失行

◆ 东篱赏菊图。描绘了陶渊明的赋诗、纵酒生活。对于陶渊明来说，诗和酒是他灵魂的一对翅膀。

次。不觉知有我，安知物为贵。悠悠迷所留，酒中有深味！

唐代诗人与酒

唐代，造酒业繁盛，诗歌文学也达到了全盛时期，这时候出现了举世闻名的大诗人李白，他的很多诗歌和酒有关，如《山中与幽人对酌》：

两人对酌山花开，一杯一杯复一杯。我醉欲眠卿且去，明朝有意抱琴来。

唐朝另一位善饮的诗人是杜甫，他十四五岁的时候就以善饮酒著称了。天宝六年（747年），杜甫赴长安应试，因为权臣李林甫从中作梗，没有被录取。这时，他认识了一位酒友郑虔，郑虔对诗、画、书法、音乐乃至星历、医药、兵法无所不通。他和杜甫一样，生活困顿，常向朋友讨钱头酒，也正因为酒使他俩结为好友。杜甫在《醉时歌》中回忆二人喝酒的情形：

得钱即相觅，沽酒不复疑。忘形到尔汝，痛饮真吾师。

他们两个只要彼此有钱，就买酒找对方痛饮，毫不迟疑。唐肃宗乾元元年（758年），杜甫任左拾遗，这时候他不因居官而停杯，反而喝得更厉害。他在《曲江二首》中写道：

朝回日日典春衣，每向江头尽醉归。酒债寻常行处有，人生七十古来稀。

每天都要喝得烂醉，没有衣服典当便赊酒，弄得到处是酒债。杜甫嗜酒的习性，从少年到老年，甚至临终，都没有改变。他在《绝句漫兴》中说：

莫思身外无穷事，且尽生前有限杯。

宋代词人与酒

宋代词人苏东坡也好饮酒，在他的诗中不但有破愁解闷之意，而且还富有野趣和友情。苏轼是个诗、词、文、书法、绘画全能的人，他并不擅饮，但喜好置酒招客，他自己曾说：

天下之不能饮，无在予下者；天下之好饮，亦无在予上者。

此外，他还知酒、酿酒，著有《东坡酒经》。他的《饮湖上初晴后雨》诗云：

朝曦迎客艳重冈，晚雨留人入醉乡。此意自佳君不会，一杯当属水仙王。

此诗不但写了酒，而且具有自然的趣味。

在古代，饮酒在诗人的情感世界中具有重要的作用，它能促使创作灵感产生，而且还是丰富想象的奇妙载体。

延伸阅读

吴沃尧郁郁酒中亡

吴沃尧是清代文学家，字小允，广东南海人，自号我佛山人，著有《二十年目睹之怪现状》一书。吴沃尧习惯于深夜写东西，常一月不吃一顿饭，而以酒为粮。他曾经到北京等地，但是郁郁不得志，最终纵酒成性，且因此引起了肺病。他在上海的几年里，每天都要写作，肺病也变得更加严重，可是依然喜欢醉饮。一天，他在街上遇到好友，就说："我将要死了吗？前天饮汾酒，还感觉香醇有味，今天早上再饮时，就感觉辣喉刺舌，这是为什么啊？我恐怕活不久了！"好友听了就安慰他。吴沃尧回住处后，坐在床上，小声吟诵陶渊明的诗："浮沉大化中，不恋亦不惧。"刚吟完，就去世了。

第八讲 酒与艺术——一曲流觞琥珀光

画中酒文化

酒能助谈兴，添乐趣，活跃气氛，这是因为在酒的刺激下，内心一些压抑和控制的因素消失了，人的本性被淋漓尽致地发挥出来。于是，很多画家借着酒兴，以高涨的情致创作出很多优秀的作品。

在中国绘画史上，出现了数以万计的画家，他们中很多人喜欢酒后作画。画圣吴道子每次挥毫前，必须酣饮一番，用酒来活跃思绪。据说皇帝命他画嘉陵江三百里山水，他酣饮后，一日就完成了。时人王洽善画泼墨山水，他为人疯癫，并且是个酒狂，常放纵于江湖之间，每欲画必先饮到醺酣之际，然后以墨泼洒在绢素之上，墨色或淡或浓，随其自然形状，为山为石，为云为烟，变化万千。

元朝画家中喜欢饮酒的人很多，元初的著名画家高克恭善画山水、竹石，又能饮酒。他轻易不肯动笔，遇有好友相聚或酒酣兴发之际，信手挥毫，被誉为元代山水画第一高手。著名的元四家（黄公望、吴镇、王蒙、倪瓒），其中有两人善饮酒。吴镇善画山水、竹石，作画多在酒后挥洒。王蒙善画山水，酒酣之后往往用秃笔一支就能画出一幅好画。王蒙的画闻名于世，饮酒也颇出名，向他索画，往往须许他以美酒佳酿。

唐伯虎与酒

明代画家唐伯虎也是一个善饮之人，他

◆《漉酒图》明 李士达

◆ 《王原祁艺菊图》清 禹之鼎 纸本设色

诗文书画无一不能，曾自雕印章曰"江南第一风流才子"。他的山水、人物、花卉无不臻妙，与文徵明、沈周、仇英合称明四家。唐伯虎总是把自己同李白相比，其中就包括饮酒的本领，他曾言："李白能诗复能酒，我今百杯复千首。"据说，唐伯虎经常与好友祝允明、张灵等人装扮成乞丐，在雨雪中击节唱着莲花落向人乞讨，讨得银两后，就沽酒到荒郊野寺去痛饮。一次，唐伯虎与朋友外出吃酒，酒尽而兴未阑，大家没带银两，于是就典了衣服当酒钱，又继续豪饮。后来，唐伯虎趁醉涂抹山水数幅，换了不少钱，才赎回衣服。

扬州八怪与酒

清代画坛上，"扬州八怪"是一个重要的流派，他们中大多数人好饮酒。金农是位朝夕离不开酒的人，他曾自嘲地写道：

醉来荒唐咱梦醒，伴我眠者空酒瓶。

他不但喜欢痛饮，还擅品酒，他的朋友吴瀚、吴潦兄弟常把自己的酒库打开，让他遍尝家藏名酝。

郑板桥一生也与酒结缘，他在自己的诗中就说到了饮酒的嗜好：

郑生三十无一营，学书学剑皆不成，
市楼饮酒拉年少，终日击鼓吹竽笙。

郑板桥喝酒有常去的酒家，他和酒家结下了深厚的友谊，还在小店的墙壁上留过醉诗。

清末的画家中蒲华最善饮，他是个嗜酒不顾命的人。他住在嘉兴城的庙里，室内陈设极简陋，绳床断足，他还可以安然而卧。他常与乡邻在酒肆举杯，兴致来了就酣畅淋漓地挥笔洒墨，色墨沾污襟袖亦不顾。因为家贫，蒲华常以卖画自给酒钱。由于他饮酒过多，最后竟醉死了。

延伸阅读

酒徒戏商贾

张灵，字梦晋，吴县人，明代诗人、画家，唐寅的好友，家贫嗜酒，人称"酒狂"。一天，张灵见几个商贾在饮酒赋诗，便扮了乞丐，借"乞食"而向商贾们大谈诗文。商人们见他"词辩云涌"，大为惊异，不认为他是乞丐，反以为是遇到了神仙。张灵显示了自己的诗才，也戏弄了不懂诗的商贾，高兴地跳起了"天魔舞"。

音乐中酒文化

在中国几千年的音乐发展史中，音乐与酒结下了不解之缘。在酒宴上，人们用音乐助兴，不少音乐包含着酒的内容。

西周至春秋时期，歌曲主要是风、雅、颂三类，风、雅类歌曲在宫廷及士大夫宴乐时演唱，一般以瑟或琴伴奏，它们中直接与酒有关的有十多首。如《鹿鸣》中就写道：

呦呦鹿鸣，食野之苹。我有嘉宾，鼓瑟吹笙，吹笙鼓簧，承筐是将。人之好我，示我周行。呦呦鹿鸣，食野之蒿。我有嘉宾，德音孔昭。视民不恌，君子是则是效。我有旨酒，嘉宾式燕以敖。

汉代酒与音乐

汉代，朝廷专门设立了掌管宫廷音乐，兼采民间歌谣与乐曲的机构——乐府。当时在乐府中，有很多人专门根据民间曲调填写歌词。到了魏晋以后，人们把汉代乐府搜集创作演唱的诗歌统称为"乐府"，这些乐府的曲名，有不少与酒有关，如乐府鼓吹曲《将进酒》，就是专门写宴饮赋诗，宴享功臣之事的。瑟调曲的《陇西行》也是写酒宴的，其词为：

请客兆堂上，坐客毡瞿艇。清白各异槽，酒上正华疏。酌酒持与客，客言主人持。却略再跪拜，然后持一杯。

魏晋酒与音乐

三国时期曹操所写的诗，全部是乐府歌辞。他的《短歌行》开头几句就与酒有关：

对酒当歌，人生几何？譬如朝露，去日苦多。慨当以慷，忧思难忘，何以解忧，唯有杜康。

魏末晋初，文人阮籍善音乐，会诗

◆ 王维雕像

文，他创作了一首非常有名的古琴曲——《酒狂》。南北朝民歌中也有不少写酒的，例如清商乐《读曲歌》。当时，民间音乐无论在北方还是南方都统称为清商乐。《读曲歌》属吴声歌曲(产生于吴地歌曲的总称，含许多曲调)。"读曲"亦作"独曲"，即歌唱时不用乐器伴奏，其歌中唱道：

思难忍，络臂语酒壶，倒写倾顿尽。

唐宋酒与音乐

唐时，王维的《阳关曲》曾被广为传唱：

渭城朝雨浥轻尘，客舍青青柳色新。劝君更尽一杯酒，西出阳关无故人。

此曲原是一首琴歌，因琴歌把这首诗重复了三次，所以名为《阳关三叠》。这首琴歌在流传过程中，逐渐演变成一首古琴独奏曲。唐贞观、开元年间，曾流传一首与酒有关的《凉州曲》：

汉家宫里柳如丝，上苑桃花连碧池。圣寿已传千岁酒，天子更赏百僚诗。

宋代的歌曲，主要是词。宋词的词牌就是乐曲，与酒有关者很多，例如醉思凡、醉中真、酒蓬莱、频载酒、醉梦迷、醉花春、醉泉子、倾杯乐、醉桃源、醉偎香、醉梅花、酒落魄等。宋词中反映或描写酒的作品也不少，如苏轼《水调歌头》的"明月几时有，把酒问青天"，李清照《凤凰台上忆吹箫》的"新来瘦，非干病酒，不是悲秋"等。在南宋，音乐还被用作推销酒的一种方式。当时的政府部门"赌军酒库"，在每年清明节和中秋节前后都要利用乐队和歌妓，执乐器演奏音乐，列成队伍，在街头游行推销新酒。

明清酒与音乐

明代和清代的音乐，最有代表性的是民歌与小曲，这里面和酒有关的举不胜举。明、清的宫廷音乐中，宴乐占有重要位置。例如清代的宴乐就有《中和乐》、《丹陛乐》、《清乐》等。宫廷的宴飨一般在元旦、万寿节和冬至举行，何时演奏哪一种音乐都有严格的规定："皇帝出入奏《中和乐》，大臣行礼奏《丹陛乐》，巡酒奏《庆隆乐舞》。"王侯和富贵人家举行宴会时也以音乐助酒兴，乐器用筝、瑟、琵琶、三弦子、拍板等，歌者只用一小板，或以扇子代之，间有用鼓板伴奏进行演奏。

综观数千年的音乐发展，其中很大一部分是以酒为歌唱的重要内容，另一部分是酒乐相配明君臣之礼或者为酒宴来助兴，还有就是以音乐写饮酒之人的精神状态，抒发饮酒人的思想和感情。

延伸阅读

邵雍饮酒有节制

邵雍(1011~1077年)，字尧夫，北宋文人，著名道学家。祖籍范阳，其父徙衡漳，又迁共城(今河南辉县)，隐居苏门百源上，故后世又称其为百源先生。史书上记载他"少时自雄其才，慷慨欲树功名，于书无所不读。始为学即坚苦刻厉，寒不炉，暑不扇，夜不就席，数年已而"。邵雍著有《观物内外篇》、《渔樵问对》，诗集则有《伊川击壤集》。屡授官不仕，退居洛阳，自名"安乐先生"。喜饮酒，命之曰太和汤，饮不过多，不喜大醉。曾作诗曰："饮未微酡，口先吟哦，吟哦不足，遂及浩歌。"邵雍甘于淡泊，乐于饮酒的著述，代表了许多正直的古代知识分子的人生理想。

武中酒文化

中华武术源远流长，武术是中华民族独特的人体文化，被视为国粹。"胸中小不平，可以酒消之；世间大不平，非剑不能消也。"在酒与武并行的时候，常常是武为烈酒而鸣，酒壮英雄之胆。

酒对武术产生的影响也很大，例如醉拳、醉剑以及醉棍等。作为醉酒所产生的武术，它极富表演性，鲜明地表现了东方人体象形取意的包容性和化腐朽为神奇的特点。象形取意本是人类在取法自然中的自强手段，不可否认，醉酒是一种不正常的体态，然而东方人体文化却能化丑为美。醉拳不只有特殊的攻防价值，其观赏性尤为人喜爱，"醉拳"、"醉剑"、"醉者戏猴"、"醉棍"不只是武术中的项目，还影响到电影艺术的发展，如《大醉拳》和《醉剑》都深受观众欢迎。

醉拳

醉拳，又称"醉酒拳"或者叫"醉八仙拳"，其醉意醉形曾借鉴于古代的"醉舞"，现在是武术的一个重要拳种，因为招式和步态都形同醉者而得名。

关于醉拳，有一个歌诀：

颠倾吞吐浮不倒，踉跄跌撞翻滚巧。

滚进为高滚出妙，随势跌扑人难逃。

这个歌诀对醉拳的特点进行了准确而生动的概括。醉拳的关键在一个"醉"字，

而这种"醉"仅是一种醉态而非真醉，在攻防中踉踉跄跄，似乎醉得站都站不稳，然而在跌撞翻滚之中，随势进招，使人防不胜防，这就是醉拳的精妙之处。

醉拳的套路有多种，如"醉八仙"就是模拟吕洞宾、铁拐李、张果老、韩湘子、汉钟离、曹国舅、何仙姑和蓝采和八仙的形姿为武艺特色，动作名称多以八仙特点创编。张孔昭的《拳经拳法备要》中有《醉八仙歌》：

醉者，醉也，号八仙。头颈儿，曾触北周巅，两肩谁敢与周旋。臂膊儿，铁样坚；手肘儿，如雷电。拳似砥柱，掌为风烟。膝儿起，将人掀；脚儿勾，将人损。披削爪掌，肩头当先。身范儿，如狂如颠；步

◆ 醉八仙

趔儿，东趄西率，好叫人难留恋。八洞仙迹，打成个锦冠顾天。

"太白醉酒"的套路则是以模拟唐代诗人李白的形姿为主；"武松醉酒"、"燕青醉酒"、"鲁智深醉打山门"等套路，则以《水浒传》英雄命名，显示出醉拳深厚的内涵，使其不同于一般武术拳种。

醉剑

醉剑，也是一种与酒文化有关的中华武术，说到醉剑，就不能不说中国的剑术，剑术在中国的历史非常悠久，战国时刺秦的荆轲就是燕国著名的剑客，其剑术之高，在燕国堪称第一。宝剑本是一种非常古老的兵器，附含着丰富的文化内涵，被奉为百兵之首、百刃之首。同时它也曾经被当作帝王权威的象征，神佛仙家修炼的法器，文人墨客抒情明志的寄托，也是艺术家在舞台上表现人物，以舞动人的舞具。直到今天，剑更成为各阶层中国老百姓健身中最富民族色彩的体育器械。正因如此，才有人说，中国有一个内涵极为丰富而悠久的剑文化体系，而酒文化同样浸润其间。

醉剑很适于表演，其运动特点为：乍徐还疾、忽纵忽收、往复奇变、奔放如醉、形如醉酒而无规律可循，但招式却在东倒西歪中潜藏杀机，于扑跌滚翻中露狠手，故醉剑在舞剑中占有特殊的地位。

醉剑，因风格独特而深受人们欢迎，它和醉拳一样，体现了中国古代武术的一种独特境界。人在醉态中很难做好事情，但醉酒却能被人们与武术有机地结合在一起。甚至在使用醉剑的时候，还需要剑师处在醉态之中，而这种醉态又与常人不同，常人的醉态是不清楚的醉态，而醉剑却需要剑师似醉非醉，动作恍惚摇摆，但头脑清醒，否则，挥出的剑就没有什么攻击力了。

醉棍

在武术中除了醉拳与醉剑之外，还有一种叫"醉棍"。其特有的醉形、醉态能够起到迷惑对手的作用，使搏杀术在亦醉亦痴、似癫而狂的动态中突亮奇锋，发挥"出其不意而攻之，趁其不备而击之"的妙用，做到"寓技法于醉形，藏杀机于醉态"。从技术原理上讲，醉棍的动作技巧讲究高跃、低伏、着地滚翻，也就是说与敌对垒可以从空中、地面，按人体上、中、下三盘及地躺翻跌等不同部位的多种角度打击对方，攻防兼备，机动灵活。

延伸阅读

鲁智深醉拳

鲁智深醉拳是流传于民间的"醉拳"类之一，是根据水浒好汉鲁智深醉打山门时的技击方法演变而成的。其拳法讲究形醉意不醉，意醉心不醉的运用纲领，它与其他的醉拳相比有着独特的风格，一般的醉拳大多以"翻滚跌扑"的技巧为主，其招法包括摔打、推拿、跌扑、翻滚、窜蹦、跳跃，既充满了形体艺术的美感又不失技击实用之特点。

此醉拳虽也注重跌扑但却不落俗套，风格讲求实用，取醉之形以感敌，每招每式皆重技击，套路短小精悍，无虚势花架，刚柔相济，攻防合一，避实就虚，逢空既打，且拳出迅猛，起落轻灵，可谓醉拳中的精品。

书法中酒文化

> 　　醇酒之嗜，激活了千余年不少书法艺术家的灵感，为后人留下为数众多的书法艺术精品。从王羲之酒后写《兰亭集序》到张旭醉后狂草，再到怀素酒后狂书，留下了一个个动人的传奇。

　　酒不仅能催发诗人和画家的创作灵感，对于书法家，也具有激发兴奋的作用。东晋时期，大书法家王羲之和好友在兰亭雅集，曲水流觞之中，于微醉中挥毫书写了《兰亭集序》，成为千古佳作。后来，他在清醒时又试写了数百次，都没能达到那种效果。

张旭与酒

　　张旭是唐代著名书法家，他的草书连绵回绕，起伏跌宕，线条厚实饱满，极尽提按顿挫之妙。当时的人把他的草书和李白的诗歌、裴旻的剑舞称为"三绝"。唐代文学家韩愈在《送高闲上人序》中，也对他的草书推崇备至。张旭极喜欢喝酒，每次大醉后，

呼号狂走，索笔挥洒，变化无穷，好像有神灵在帮助他一样。据唐人记载，张旭每次饮酒后就写草书，在书写的时候，挥笔大叫，把头浸在墨汁里，用头发书写。他用头发书写的字，飘逸奇妙，异趣横生，连他自己在酒醒之后，都大为惊奇。杜甫在《饮中八仙歌》中对此有描述：

　　张旭三杯草圣传，脱帽露顶王公前，挥毫落笔如云烟。

怀素与酒

　　怀素是唐代名僧，著名书法家，字藏真，精通禅理、禅趣。怀素的狂草，与他创作时嗜酒的习惯有很大的关系。他酒酣兴起

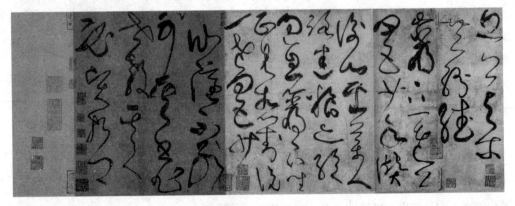

◆ 张旭书法作品

◆ 怀素《自叙帖》（局部）

时，在寺院墙上、器皿上，其至衣服上任意书写，不尽兴不罢休。他终日不离酒壶，以酒为伴，酒已成为他创作的必需品。怀素在《自叙帖》中说自己在写书法时：

醉来信手两三行，醒后却书书不得。……兴来小豁胸中气，忽然绝叫三五声，满壁纵横千万字。

《宣和书谱》中对怀素醉书的草书给予了高度评价：

牟动当世，则后生晚学瞠若光尘者，不啻膻蚁之慕。

可见怀素出类拔萃的书法艺术和精妙的墨迹在当时引起的轰动，并且给予后学以强烈的影响。

元明书法家与酒

元代有一位叫郭畀的书法家，他和当时最著名的书画家赵孟頫、鲜于枢交往甚密。他的书法深受赵孟頫影响。俞希鲁撰写的《郭天锡文集序》中说，郭畀身长八尺，有美须，善于辩论，是个堂堂然的大丈夫。郭畀的酒量更是大得惊人，时人称他有"鲸

吸之量"。他在醉后，信笔挥洒，墨神淋漓，得之者如获至宝。

明代的祝允明嗜酒毫无拘束，笔迹天真纵逸，不可端倪。狂草学古人怀素、黄庭坚，他在临书的功夫上，同代人无出其右。他是一位全能的书法家，能写古雅的行书、精致的小楷、篆隶、大草。

延伸阅读

元好问为葡萄酒赋诗

元好问（1190~1257年），字裕之，太原秀容（今山西忻州）人，金代著名诗人。进士出身，官至尚书省左司员外郎。金亡不仕，以故国文献自任，就金历代实录编纂之。

葡萄酒是果酒中历史最悠久、最大宗的一种酒。大约于张骞出使西域后，由西域传来。东汉孟陀以一斛葡萄酒换回一个凉州刺史，可见其珍贵。关于葡萄酒，西晋张华所著《博物志》有这样的记载："西域有葡萄酒，积年不败，俗云可十年饮之，醉弥日乃解，所食愈少，心开逾益，所食逾多，心臆逾塞，年逾损焉。"而元好问更为葡萄酒作赋，可见其喜爱之情。

古典名著中酒文化

酒伴随着人们由古至今，渗透在世界的每个角落，酒与文学好像一对孪生兄弟，相辅相成。

中国古典名著中对酒的描写不仅体现了古人对酒的认识，而且从侧面反映了中国古代酒文化的发展历程。

《水浒传》中酒文化

说到《水浒》，大家都熟悉这样的场面：花和尚鲁智深不顾寺庙清规，为喝酒吃狗肉而闹得天翻地覆；行者武松酒足饭饱后打死了凶悍的老虎。

《水浒》第四回中引过一首诗，论述酒的利弊：

从来过恶皆归酒，我有一言为世剖。地水火风合成人，面曲米水和醇酎。酒在瓶中寂不波，人未酣时若无口。谁说孩提即醉翁，未闻食糯颠如狗。如何三杯放手倾，遂令四大不自有！几人涓滴不能尝，几人一饮三百斗。亦有醒眼是狂徒，亦有酕醄神不谬。酒中贤圣得人传，人负邦家因酒覆。解嘲破惑有常言，酒不醉人人醉酒。

诗后作解释说："但凡饮酒，不可尽欢，常言：'酒能成事，酒能败事。'便是

◆ "武松打虎" 雕塑

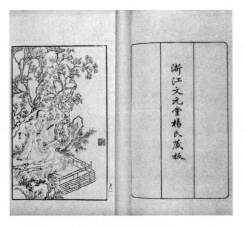

◆ 《红楼梦》书影

小胆的吃了，也胡乱做了大胆，何况性高的人。"

小说中，每次开打，无论是人打人还是人打兽，也不管是好人打坏人，还是好人误打好人，其他的如练武、比试、复仇、济贫、打抱不平、无端寻衅之前或之后，都大抵有一段大口喝酒、大口吃肉的描写。其中较为精彩的还数武松打虎前的那一段：

只见店主人把三只碗、一双箸、一碟热菜放在武松面前，满满筛一碗酒来。武松拿起碗，一饮而尽，说道："这酒好生有气力！主人家，有饱肚的买些吃酒。"……武松道："怎地唤做三碗不过冈。"……武松笑道："原来恁地。我却吃了三碗，如何不醉？"酒家道："我这酒叫'透瓶香'，又唤做'出门倒'，初入口时，醇醲好吃，少刻时便倒。"

这段描写中有意思的是那酒的名称和效力。此酒也许只是普通的农家酒，但一则此地闹虎患，喝酒过冈就显得很稀奇；二则此酒的名目取得妙，"出门倒"俗气了点，"透瓶香"却是个好品牌，可见当时店家

的聪明智慧。

《红楼梦》中酒文化

《红楼梦》中描写的有名有姓的人物上百人，除了栊翠庵的妙玉例外，其他人无不饮酒。书中对饮酒的描写很多，这也从一个侧面反映了清代中国人饮酒的普遍性。当然，达官贵人和庶民百姓在饮酒的规格和层次上有很大不同，主子和奴才更是泾渭分明。但在日常生活中的饮酒，主仆之间，又有融洽如鱼水的时候。

《红楼梦》描写的是封建社会大家庭的生活，封建社会对"礼"十分讲究，用酒之礼更是如此。例如祭祀，用酒就有许多繁文缛节。这也难怪，因为古人用酒，首先就是从祭祀开始。《红楼梦》中对此自然也有详细的展开。

延伸阅读

《红楼梦》中的酒为何酒

《红楼梦》中的酒有黄酒也有白酒，一般情况下用黄酒，有时黄酒、白酒兼用，但也是以黄酒为主。第三十八回，"林潇湘魁夺菊花诗，薛蘅芜讽和螃蟹咏"中便如是记载：黛玉放下钓竿，走至座间，拿起那乌银梅花自斟壶来，拣了一个小小的海棠冻石蕉叶杯，丫环看见，知她要饮酒，忙着走上来斟。黛玉道："你们只管吃去，让我自斟，这才有趣儿。"说着便斟了半盏，看时却是黄酒，因说道："我吃了一点子螃蟹，觉得心口微微的痛，须得热热地喝口烧酒。"宝玉忙道："有烧酒。"便令将那合欢花浸的酒烫一壶来，黛玉也只吃了一口便放下了。宝钗也走过来，另拿一只杯来，也饮了一口。

第八讲 酒与艺术——一曲流觞琥珀光

159

神话传说中酒文化

人们的生活不仅与酒息息相关，就是在神话传说中，也充满了酒的影子。武则天酒醉后诏令百花于隆冬开放，就是一则与酒相关的故事。

神话传说中，有很多和酒有关，如武则天醉逞淫威、八仙乘酒兴凭宝渡海、还有羲和醉酒等等。

武则天醉逞淫威

武则天称帝后，改唐为周。一日，武则天与太平公主、上官婉儿等一道在宫中赏雪，赌酒吟诗，甚为高兴，忽闻阵阵清香扑鼻而来，朝外一望，原来是庭前几株蜡梅开了，不觉赞道："如此寒冷的天气，蜡梅忽然怒放，岂非知朕在此饮酒，特来助兴？如此忠心，理当得赏！"遂吩咐宫娥给蜡梅系红花，挂金牌。武则天酒兴愈盛，连饮数盏，醉眼蒙眬之际，又乘兴传令："此地蜡梅盛开，想来园中各花都有此孝心，即刻准备车辇，朕要赏花。"太平公主和上官婉儿劝说不住，只得随她前往。谁知到了那里，尽是一片枯枝，她觉得有失女皇脸面，龙颜大怒，命人研墨展纸，醉书一道诗体诏书曰："明朝游上苑，火速报春知；花须连夜发，莫待晓风吹！"诗写毕，命太监盖上玉玺，即刻挂于上林苑中；又命御膳房明日预备赏花酒宴。众人不敢有违，各自从命。太平公主同上官婉儿在一旁静观，暗暗发笑。

上林苑百花见了这道非同寻常的御旨，顿时吓得魂不附体，忙向百花仙子汇报。谁知事有不巧，百花仙子闲来无事，外出访友去了，四处寻觅，不见踪影。百花群龙无首，焦急万分，不多时已有杨花、芦花、桃花等八花沉不住气了，一齐说道："诸位仙姑去否自便，我等虽忝列群芳，但极贱微，道行本浅，位分又卑，既乏香艳之姿，兼无济世之用，如何担得起违旨大罪？一经被诛，区区微末，岂能保全？再三斟酌，只能且顾眼前，承旨放花，告辞了。"稍后，又有一批花仙陆续离去。及至红日东

◆ 武则天像

◆ 国色天香的牡丹

升时，连平素以贞洁坚强著称的梅、菊、莲、兰诸花也顶不住上林苑中的强大压力，极不情愿地前往应命。唯有牡丹岿然不动，芳心自守。

焚烧牡丹

女皇回宫便睡，一觉睡到次日黎明，宿酒渐醒，猛然想起昨日写诏之事，好生后悔，酒后举动，甚欠思虑。"万一群花固不从命，我岂不脸面丢尽，还怎么统治四海九州、文武百官？"正在思忖，忽有上林苑、群芳圃司花太监来报，各处群花大放。武则天闻报大喜，即刻盛妆梳洗，带着太平公主、上官婉儿一干人等往上林苑而来。走进苑中，但见满园青翠萦目，红紫迎人，好一个锦乡乾坤，花花世界。

及至从惊喜中镇静下来，举目细赏，女皇忽然注意到：盛放的百花之中，没有牡丹的英姿。这不啻一盆冷水兜头浇来，让她震怒万分，牡丹乃群芳领袖、百花之王，她不开岂不是对我的最大蔑视？若不严惩，今后

群花竞效，那还了得！她愈想愈生气，即刻传旨："将上林苑、群芳圃连同京师之内所有牡丹一并连根挖出，烧个片甲不留。"烈焰腾空，热气灼人，可怜天香国色的牡丹，在烈火中扭动着典雅的身躯，经受着痛苦的煎熬。即便如此，亦无片花低头求饶，决心以死捍卫自己的尊严。太平公主和上官婉儿在一旁目睹此景，于心不忍，一齐下跪求情："女皇且息雷霆之怒。牡丹违旨，理该万死，姑念她平日里有装点人间春色之功，饶她不死，从轻发落。"武则天一来平日里确爱牡丹，二来也怕作孽太深，惹恼了仙界神灵，将来没有好下场，便就坡下驴，说道："看在二位爱卿的面子上，朕姑且饶她一命，但京城内万不可再留，一律贬谪洛阳去罢。"言毕，再无赏花之兴致，垂头丧气地打道回宫。

此后，长安的牡丹集体迁到了洛阳，成了洛阳一绝。

延伸阅读

羲和醉酒

羲和是中国的太阳神，在上古神话中，他既是太阳的创造者（"羲和能生日也，故日为羲和之子"），又是太阳的管理者（"有夫羲和，是主日月，职出入，以为晦明"）。他甚至不辞劳苦，亲自为太阳驾车，"日乘车，驾以六龙，羲和御之"，但他同时又是一位十分贪杯的"酒徒"，经常因喝醉酒而误事。一年秋天发生了日食，由于羲和醉酒没有提前预告，全国因此一片混乱。按当时《政典》规定，监视天象的人责任重大，报告早了要杀头，报告晚了也要杀头，不能赦免。于是，胤国国君奉王命将羲和处死。因为饮酒而丢了性命，这位太阳神称得上是神界第一酒鬼了。

第九讲

酒楼酒肆——城郭乡野酒旗风

历史悠久的酒旗文化

作为一种古老的广告形式，酒旗在我国已有数千年的历史。《韩非子·外储说右上》记载："宋人有酤酒者，升概甚平，遇客甚谨，为酒甚美，悬帜甚高……"这里的"悬帜"即悬挂酒旗。

酒很早就成为商品，在市集上买卖。《诗经·小雅》"无酒酤我"，意即没有酒，可以到市集上买。《论语·乡党》中也说孔子不吃从市集上买来的酒。可见，春秋时酒的买卖已很普遍。既有买卖，就存在用什么办法招揽顾客的问题，于是"酒旗"应运而生。

大概在战国时，酒肆已在门前悬挂酒帘来招揽顾客。酒旗作为酒家的标志，一般用青布缀于杆头，悬挂在酒店前，以招揽顾客。酒旗的颜色或青或白，尺寸可大可小，如洪迈《容斋随笔》所载：

今都城与郡县酒务，及凡鬻酒之肆，皆揭大帘于外，以青白布数幅为之。

窦苹的《酒谱》记载：

无小无大，一尺之布可缝，或素或青，十室之邑必有。

唐宋以后，酒肆盛行，酒旗在文人墨客的诗词中频繁出现。李中《江边吟》写道"闪闪酒帘招醉客，深深绿树隐啼莺"，韩偓《江岸闲步》又云"青布旗夸千日酒，白头浪吼半江风"，说的都是唐时各地酒楼以酒旗招揽顾客的情景。宋代陆游《夏秋之交小舟早夜往来湖中绝句》有"酒斾摇摇出竹篱，扁舟远赴野人期"，杨万里《晨饮横塘桥酒家小窗》有"饥望炊烟眼欲穿，可人最是一青帘"，反映的是宋代酒楼为了方便往来顾客，纷纷高悬酒帜，以招揽天下客。张择端的《清明上河图》中，酒旗也是随处可见，描绘了汴梁商业的繁荣。

◆《姑苏繁华图》，图中可见酒旗招展。

◆ 酒旗

据传，宋时画院曾以"竹锁桥边卖酒家"为题，让考生根据题意绘出一幅画。大多数考生"无不在酒家上下功夫"，或着意于酒家的豪华，或着意于饮酒者的豪放，只有一位考生独辟蹊径，"但于桥头竹外挂一酒帘，书'酒'字而已，便见得酒家在竹内也"。结果自然是这位考生独占鳌头。小说《水浒传》中也有关于酒旗的描写，如"(鲁)智深离了铁匠人家，行不到三二十步，见一个酒望子挑出在房檐上。"武松打虎的景阳冈下的一个小酒店，门前也悬挂着"三碗不过冈"的酒帘。

元人小令中，也多有歌咏酒旗之处，如张可久《山坡羊·酒友》："刘伶不戒，灵均休怪，沿村沽酒寻常债。看梅开，过桥来，青旗正在疏篱外。醉和古人安在哉。窄，不够酾。哎，我再买。"

除此之外，酒旗还有一个重要的作用，那就是酒旗的升降是店家有酒或无酒、营业或不营业的标志。早晨起来，开始营业，有酒可卖，便高悬酒旗；若无酒可售，就收下酒旗。《东京梦华录》里说："至午未间，家家无酒，揭去望子。"这"望子"就是酒旗。随着社会的发展，酒旗如今已被广告设施所取代，偶有仿古酒旗在林立的高楼间悬着，仍透着一股韵味，不过"水村山郭酒旗风"的景致现代人已很难领略到了。

据《清稗类钞》记载："帘，酒家旗也，以布为之，悬示甚高，唐、宋时习用之，由来已久，南省罕见。光、宣间，北省犹有之，迎风招展，一望而知为沽酒处。又有高悬纸标，形正圆而长，四周剪彩纸，黏之如缀旒者。"

高挑的酒旗和酒店所处的环境，形成了一种独特的人文景观，成为历代文人墨客诗酒文化的一面旗帜。

延伸阅读

张翰与酒

张翰(字季鹰)，晋代吴郡名士，曾在齐王司马冏手下任大司马东曹掾，见天下大乱，秋风起，想起了江南的莼羹和鲈鱼之美，不由叹道："人生贵得适志，何为羁宦数千里以要名爵乎？"便挂印而去。他回到故乡，日日酣饮恣游，纵任不拘，人称"江东步兵"。有人惋惜地劝他说："以你的名望和才能，应该在仕途上有一番作为，现在这样以饮为常，以游为业，虽然一时快意，却没了身后的名声，太可惜了。"按名家道统，人生最大的目的是"显亲扬名"。但张翰却把酒看得比名重要，醉意朦胧地回答说："使我身后名，不如眼前一杯酒。"

唐及以前的酒肆文化

中国酿酒业十分发达，很早就有从市场上买酒的记载，如在渭水上钓鱼的姜太公吕尚就曾在商都朝歌的市场卖酒。

酒肆是什么时候出现的，无从考证。大抵在商代，酒已走上市面。据说，姜太公曾于商代末年在朝歌(今河南淇县)市场卖过酒。《墨子》中讲到"酤酒"，即买卖酒，可见周代已有酒肆了。

周代初期，人们发现在高楼或高台饮酒，不仅清静、凉爽、空飞流转，而且可以开阔眼界，望月观日，俯瞰风光，优于平地，是饮酒的佳处。于是，真正意义上的酒楼便应运而生了。

三国时著名的酒楼有黄鹤楼，据《列仙全传》记载：

费文祎，字子安，好道得仙。偶过江夏辛氏酒馆而饮焉，辛饮之巨觞。明日复来，辛不待索而饮之。如是者数载，略无吝意。乃谓辛曰："多负酒钱，今当少酬。"于是取橘皮向壁间画一鹤，曰："客来饮，但令拍手歌之，鹤必下舞。"后客至饮，鹤果蹁跹而舞，回旋宛转，曲中音律，远近莫不集饮而观之。逾十年，辛氏家资巨万矣。

后子安复至辛氏酒馆，横笛吹奏，白云自空中而下，画鹤飞至子安前，遂跨鹤乘云而去。辛氏即于飞升处建楼，名黄鹤楼焉。

李白有《黄鹤楼送孟浩然之广陵》诗，曰：

故人西辞黄鹤楼，烟花三月下扬州。
孤帆远影碧空尽，唯见长江天际流。

唐时，随着东西交通的发展，市民社会的形成，酒肆迅速发展起来。韦应物《酒肆行》描写唐都城长安的酒楼：

豪家沽酒长安陌，一旦起楼高百尺。

◆ 黄鹤楼

◆ 骑驴沽酒

风吹柳花满店香，吴姬压酒劝客尝，
金陵子弟来相送，欲行不行各尽觞。
请君试问东流水，别意与之谁短长？

唐朝时著名的酒楼还有山东济宁的
"太白酒楼"，据郎廷极《胜饮编》记载：

太白楼，李白游任城时，贺知章为
令，觞白于此。任城即今之济宁也。

自唐以后，历代文人墨客游济宁时，
都会到此一游。唐代的时候，城市仍实行坊
市制度，市区之内已多设酒楼。最有名的是
《酉阳杂俎》中记载的长安长乐坊安国寺的
"红楼"，以及《广舆记》中记载的宝鸡县
陈仓城内的卖酒楼。不过，唐代酒楼已不仅
限于城市，如刘禹锡的《堤上行》写道：
"酒旗相望大堤头，堤下连樯堤上楼。日暮
行人争渡急，桨声幽轧满中流。"

碧疏玲珑含春风，银题彩帜邀上客。

据《开元天宝遗事》记载：

长安自昭应县(今陕西临潼)至都门官
道，左右村店之门，当大路市酒，量钱多少
饮之。亦有施者，于行人解乏，故路人号为
"歇马杯"。

从临潼至长安的官道左右皆为酒楼，
可见当时酒店业的繁盛。文人墨客也多以酒
楼作为宴饮、饯别之所，如岑参"怜汝不忍
别，送汝上酒楼"是也。李白《金陵酒肆
留别》诗，也表现了对朋友的离别之意，
诗云：

延伸阅读

郑泉与酒

郑泉，三国时吴国人，人称"酒中奇
人"，据《笑林》记载，郑泉"博学有奇
志，性嗜酒。"他平生最大的心愿是："愿
得美酒五百斛船，以四时甘脆置两头，反覆
没饮，倦即住而啖肴膳，酒有斗升减，随即
益之，不亦快乐！"

郑泉先生喝了一辈子酒还是觉得没喝
够，临死之前反复叮嘱家人："必葬我陶家
之侧，庶百年后化而为土，幸见取为酒壶，
实获我心矣。"他活着的时候天天喝酒不
算，还期盼死后尸骨化成泥土，能够幸运地
被制作成酒壶，永远泡在酒里，生生死死与
酒不分离！他对酒的执着真可谓是惊天地泣
鬼神。

第九讲 酒楼酒肆——城郭乡野酒旗风

167

宋元时期的酒肆文化

宋代时，酒肆文化更加繁荣，出现了很多著名的酒楼。北宋首都东京和南宋首都临安（杭州）的酒肆酒楼最为繁荣，不但私人卖酒，还有专门的官方酒楼。

宋代城市经济发达，市民生活舒适，酒楼发展到此时已基本摆脱了古代神话传说色彩，更接近市民生活，也更为讲究。孟元老《东京梦华录》记载的北宋汴京（今河南开封）酒楼：

凡京师酒店，门首皆缚彩楼、欢门。惟任店入其门，一直主廊百余步。南北天井两廊皆小阁子，向晚灯烛莹煌，上下相照……

◆ 嗜好喝酒的陆游

白矾楼，后改为丰乐楼。宣和间，更修三层相高，五楼相向，各用飞桥栏槛，明暗通，珠帘绣额，灯烛晃耀……九桥门街市酒店，彩楼相对，绣旆相招，掩翳天日，政和后来，景灵宫东墙下长庆楼尤盛。

这里仅提出几家有代表性的酒楼。其实当时类似于这些酒楼规模的在东京有72家，其繁华景况不言而喻。据史料记载，当时东京饮酒之风奢侈，只两人对坐饮酒，也要用酒壶一只，盘盏两副，果菜碟各五片，小菜碗三五只，花费"银近百两"。有时一人独饮，也要用酒盏之类，必不可少。

宋代文人墨客常流连于茶楼酒肆之中，留下了许多关于酒楼的诗篇，从中也可看出宋代酒楼之繁华。

陆游《点绛唇·采药归来》一词，描写作者采药归来，在乡村小酒店沽酒的乐趣。词曰：

采药归来，独寻茅店沽新酿。

暮烟千嶂，处处闻渔唱。

醉弄扁舟，不怕黏天浪。

江湖上，遮回疏放，作个闲人样。

◆ 醉弄扁舟

青山千嶂，渔歌唱晚，新酒初酿，不能不引发作者"醉弄扁舟"的豪情。

南宋京都临安(今浙江杭州)，酒楼林立，装饰习尚都仿效汴京成俗，虽已咸偏安之局，但华奢之风较之北宋有过之而无不及。《梦粱录》记载：

中瓦子前武林园……店门首彩画欢门，设红绿杈子，绯绿帘幕，贴金红纱栀子灯，装饰厅院廊庑，花木森茂，酒座潇洒。但此店入其门，一直主廊，约一二十步，分南北两廊，皆济楚阁儿，稳便座席，向晚灯烛荧煌，上下相照。

在丰豫门外，旧名耸翠楼，据西湖之会，千峰连环，一碧万顷，柳汀花坞，历历槛栏间，而游桡画舫，棹讴堤唱，往往会于楼下，为游览最。顾以官酤喧杂，楼亦临水，弗与景称。

元继承宋时的酒专卖制度，官府依然经营酒楼，其规模大抵与宋代相当。元人张可久《折桂令·避暑醉题》小令，描写元代酒肆的繁华景象：

俯沧波楼观烟霞。胜览方舆，独占繁华。彩舰轻帘，银鞍骏马，翠袖娇娃。

十里香风酒家，一川凉雨荷花。醉墨涂鸦，题遍红楼，倒裹乌纱。

《饮兴》小令则描写了元代酒楼中歌妓俏酒的情景：

小槽新酒滴珍珠，醉倒黄公旧酒垆。酒旗儿飘漾在垂杨树，常想着花间酒一壶，酒中多少名儒。漉酒的陶元亮，当酒的唐杜甫，更有个涤酒器的司马相如。

延伸阅读

盗杯无罪

宋徽宗年间元宵节，徽宗皇帝下令开官赐酒，人得一杯，不分男女，一律以皇官的金杯为器，忽然卫士抓来一个年轻女子，压至御前，此女子显然是刚喝过酒，"美人即醉，朱颜酡些"，可是通报她的罪名却是盗了皇帝的金杯。只见她跪拜在皇帝面前，不慌不忙地说道："月满蓬壶灿烂灯，与郎携手至端门。贪看鹤阵笙歌舞，不觉鸳鸯失却群。天渐晓，感皇恩，传宣赐酒饮杯巡。归家恐被翁姑责，窃取酒杯作证明。"风流皇帝听后大喜，好一个不寻常的女子，好一个不寻常的理由，高兴地下令把金杯赏给了她，派卫士送回家，留下了一段元宵佳话。

繁华兴隆的清代酒肆文化

清代酒店业随着酿酒业的发达而扩展，大小酒店遍布全国各地。尤其是江南一些市镇，"茶坊酒肆，接栋开张"，酒肆生意兴隆，繁华程度丝毫不逊于唐宋时期。京师为全国政治文化中心，酒肆也最为奢华。

在现代的北京，清代开张的老酒店还有迹可寻。如建于乾隆六年(1741年)的砂锅居、老字号全聚德、丰泽园、东来顺、回来顺、西来顺、来今雨轩等。旧时北京的民间小酒店，大多店面简朴，粉壁墙上往往书一大"酒"字，屋檐下也挂有类似酒楼的招牌。室内陈设简单，有木桌、木长条凳、瓷碗、锡或白铁皮制成的酒壶。柜台顶上多写有"太白遗风"、"太白世家"、"刘伶停车"这类竖匾，有的墙上还挂有名人字画，

◆ 清代酒楼遗存

其内容也多与酒有关。

宋至清代，大型酒楼的建筑形式分为楼房型和庭院型两种。楼房型的酒楼，宋代称为"阁子"，清代称为"雅座"。有的酒楼内部廊庑环绕，形成了独特的建筑群体。

清乾隆年间徐扬所绘《盛世滋生图》展示了苏州木渎经胥门、阊门直至虎丘的市容，图中所绘饭店酒楼有18家之多。苏州的王四酒家、石家饭店也闻名遐迩。唐伯虎在《姑苏杂咏》中是这样描述苏州酒肆兴旺的："小巷十家三酒店，豪门五日一尝新。"沈朝初的《忆江南》词云："苏州好，酒肆半朱楼。迟日芳樽开槛畔，明月灯火照街头，雅坐列珍馐。"

晚清各地酒楼更趋繁盛，出现了许多各具特色的地方风味酒楼。京师又为王公贵族聚居之地，酒楼之盛超过他处。

晚清时，上海为中外交通枢纽，商旅往来频繁，酒楼更是数不胜数。戊戌变法期间，汪康年在上海办《时务报》，梁启超为主笔，汪康年主持对外之交涉，日夕酬应，

◆ 《姑苏繁华图卷》中描绘的清代苏州繁盛的城市局面，其中酒家林立。

苦于酒食征逐之烦。《清稗类钞》记：

一夜赴十四处晚餐会：则为酒楼九，长三、么二妓院五也。其中先时而至，仅道谢者七，略坐而把盏，仅以酒沾唇者四，有二处则大嚼，而疲于奔命之如是者，实恐有一不到，开罪于友人耳。宴会之苦，非个中人不知，盖食无定时，方饥不得啖，过食则伤生也。

旧时上海，妓女之高等者为长三，么二为亚于长三之妓，时人常在妓院设席宴客，谓之"摆酒"，而唤妓侑酒则为"叫局"。

杭州虽向以繁盛著称，然在光绪初，城中无酒楼，若宴待宾客，必预嘱治筵之所谓酒席馆者，先日备肴馔，但送至家而烹调之。仓促客至，仅得偕至丰乐桥之聚胜馆、三和馆两面店，河坊巷口之王顺兴、荐桥之赵长兴两饭店，进鱼头豆腐、醋搂鱼、炒肉丝、加香肉等品，已自谓今日宴客矣。盖所谓酒席店者，设于僻巷，无雅座，虽能治筵，不能就餐也。光绪中叶，始有酒楼。最初为聚丰园，肆筵设席，咄嗟立办。自是以

降，踵事增华，旗亭遍城市矣。

由此可见，晚清虽社会矛盾、民族危机日益严重，而宴饮之风却日趋豪奢，颇有"商女不知亡国恨，隔江犹唱后庭花"之味道。如苏州虎丘，"繁华甲全国，酒楼歌榭，画舫灯船，流连其中以破家者不可胜计。尤盛者，竞渡之戏，粉黛杂沓，笙歌敖曹，逾月不止，浮薄子弟及富商市贾皆趋之若狂"。

独具魅力的现代酒吧文化

从远古的杜康酿酒，到近代的茅台，酒在我国形成了浓厚的酒文化，而现代的酒吧是从外国引进的舶来品，总是让人想起废墟中的酒肆、酒舍、酒垆、酒家，还有酒楼、酒馆……

说起酒吧的历史，还得从"吧"这个词说起。也许通过对这个词的考证，可以捕捉到一些酒吧浮出的历史影像。"吧"英文为"bar"，它的本义是指一个由木材、金属或其他材料制成的长度超过宽度的台子。中文里"吧台"一词是一个独特的中英文组词，因为吧即是台，台即是吧。顾名思义，酒吧也就是卖酒的柜台。

酒吧最初源于欧洲大陆，但bar一词是到16世纪才有"卖饮料的柜台"这个义项，后又经美洲进一步的引申、拓展，于20世纪90年代传入我国。酒吧进入我国后，得到了迅猛的发展，尤其在北京、上海、广州等地。北京的酒吧粗犷开阔，上海的酒吧细腻伤感，广州的酒吧热闹繁杂。总的来说，都市已离不开酒，都市人更离不开酒吧。

酒吧当年是以一种很"文化"、很反叛的姿态出现的，是我们这个城市对深夜不归的一种默许，它悄悄地出现在中国大都市的每一个角落，成为青年人的天下，亚文化的发生地。

酒吧里泡着些什么人？谁经常去酒吧？酒吧里有哪些离奇故事？现代人怎么看待酒吧？

"有音乐，有酒，还有很多的人。"一般人对酒吧的认识似乎止于此，作为西方酒文化的标准模式，酒吧越来越受到人们的重视。有人说这是个情人的乐土，有人说这是个"一夜情"的平台，也有人说这是个寂寞的站台，更有人说这是个情感的垃圾站。但不管怎么说，它已是都市夜生活不可分割的一部分。

北京的酒吧一般装饰讲究，服务周到，比较著名的有"汽车酒吧"、"足球酒

◆ 现代酒吧

◆ 酒吧小舞台

吧"、"电影酒吧"、"艺术家酒吧"、"博物馆酒吧"、"年华"等。上海的酒吧形成三种格局，各有鲜明特色。第一类是校园酒吧，第二类是音乐酒吧，第二类是商业酒吧。深圳最早出现的一间酒吧名叫"红公爵"，没有表演，也没有卡拉OK，人们只是在里面喝酒、聊天和跳DISCO。这家酒吧开了深圳酒吧的先河。成都酒吧集中于九眼桥酒吧一条街。卡索酒吧融合了本地和外地酒吧的精华，彰显着这个城市的酒文化色彩。

20世纪90年代末21世纪初，酒吧的复兴可谓"文化人"的文艺复兴。据调查，爱出入酒吧的人主要是在华的外籍人士、留学生、本国的生意人、白领阶层、艺术家、大学生、娱乐圈人士及有经济能力的社会闲散人士。"酒吧是一个聚合自己同类的空间"，这很能说明许多文化人去酒吧的心态。一位朋友喜欢"泡吧"，用他的话来说就是要摆脱"自己"，但这更像是在寻找

"自己"，寻找一个真正属于自我的世界，并与同类分甘同味。

今日的酒吧与其初入华夏大地时相比，洋溢着幽静、舒适的气息。酒吧经营者已经摒弃了以赚钱为首要目的的经营方式，他们早已将自己的经营理念和梦想集聚在事业上，不希望纷杂，更倾向于体现艺术。

延伸阅读

选购白酒的技巧

判断白酒的度数时，可以摇动酒瓶，如果出现小米粒到高粱粒大的酒花，并且堆花时间在15秒钟左右，酒的度数是53度左右，如果酒花为高粱米大小，堆花时间短一些，酒的度数约为60度。判断质量的时候，可以先把酒瓶拿在手中，然后慢慢倒置过来，对光观察瓶的底部。如果酒瓶底部有下沉的物质或有云雾状现象，说明酒中杂质较多，质量比较差，如果酒液不浑浊，没有悬浮物，说明酒的质量较好。从色泽上看，一般优质的白酒都应该是无色透明的。

第十讲

名酒传说——三杯醇酿话玉液

国色天香的茅台

"国酒茅台，玉液之冠"。"茅台"不仅是令人心旷神怡的酒中极品，也是一种历史、一种文化、一种艺术，是中国数千年酒文化的结晶。

贵州茅台酒产于中国的贵州省仁怀市茅台镇，与苏格兰威士忌、法国科涅克白兰地并称为三大蒸馏名酒，是酱香型白酒的鼻祖，也是中国的国酒。

唐蒙出使传琼浆

据司马迁《史记》记载：

西汉建元六年(前135年)，南越王经常

◆ 茅台渡口

制造事端，战事不断，民不聊生。为了消除地方割据势力，汉武帝刘彻召见了精明能干、年富力强的唐蒙，任他为中郎将，出使南越。南越王知道唐蒙并无恶意，十分热情地接待了他，宴席上就有枸酱酒。席间，唐蒙得知枸酱酒产于茅台，想起临别时武帝曾说高祖饮过枸酱酒，能提神健身，便向南越王索要枸酱酒的制法，但却遭到拒绝。

南越旁边有一个拥兵十万的夜郎国。唐蒙认为如能争取到夜郎王多同的帮助，在必要时候牵制南越，对汉朝的统治十分有利，否则要在长安控制南越，实在是鞭长莫及。唐蒙考虑再三，便带着缯帛绸缎，随从千人，浩浩荡荡直奔夜郎国。夜郎王多同一听汉使唐蒙带来了许多宝物，便以最隆重的礼节迎接了他，并表示愿作汉王朝的属国，所属的小国则仍归多同。多同接受了汉朝的统治，并向唐蒙赠送了多坛枸酱酒和其他礼物。

唐蒙回到长安，因其不动一兵一卒便巩固了汉王朝的统治而得到汉武帝的褒奖。而对多同进贡的枸酱酒，汉武帝更是赞誉有加，"甘美之"。经过一段时间的休整，唐蒙再次奉旨入蜀开通夜郎道，并派数万士卒修栈道。由于仁怀一带盛产枸酱酒，唐蒙经过再三考虑改栈道走符关(今四川合江南)，沿安乐水(今赤水河)而上，专程途经茅台村(今茅台镇)。

唐蒙进入茅台村以后，茅台村人敲着铜鼓热烈欢迎。至今当地仍然保留着秦砖汉瓦以及当时用过的钱币。唐蒙与枸酱酒的这段轶事，为贵州酒文化谱写了精彩的篇章。而当年唐蒙所饮的枸酱酒经过几番风云变幻后，也从果汁酒发展到发酵酒，再到蒸馏酒，成为如今的国酒茅台酒！

蝴蝶泉酿美酒

很久以前，茅台一带一片荒凉。在僻静的杨柳湾，一间茅屋里住着一个勤劳正直、心胸坦荡的青年，他因一家人惨死于恶势力的淫戚，避居于此地，因心地善良常济困助贫，被远近称为"好大哥"。一天，好大哥外出归家途中，被一场大雨淋得全身湿透，在自顾不暇之际，忽然见到一只硕大无比的奇丽蝴蝶被暴雨冲陷在泥淖里，左右振翅，欲飞不能，已奄奄一息。好大哥见蝴蝶可怜，顿生恻隐之心，跑过去从泥泞中将蝴蝶轻轻捧起，拭去它身上的泥浆，用体温温暖它发抖的身子，然后小心翼翼地将蝴蝶放在了雨水冲刷不到的树洞里。

有一年天大旱，附近的井都枯竭了，好大哥被迫到很远的河里去挑水。刚出门，就见一对蝴蝶冲着他飞了过来，绕着他翩翩起舞，总想阻住他的脚步。好大哥觉得奇怪，停步细看，其中一只好生面熟，这不是自己从泥淖里救起的那只蝴蝶吗?好大哥很纳闷：蝴蝶莫不是要告诉我什么?"蝴蝶啊，如果你是来感谢我，我知道了，你们就往天上飞吧。如果要告诉我什么，你们就向前飞，我跟着就是了。"话音刚落，两只蝴蝶慢慢前飞，把好大哥引到一条人迹罕至的小道，绕过一片片树林，好大哥忽然听到泉水叮咚，一股淡淡的幽香飘来，好大哥随蝴蝶来到两棵杨柳树下，一泓清泉从石洞里涌出，那清泉泛起的水花，就像串串流淌的珍珠。捧水品尝，甘美无比。此后，当地人就用该泉的水酿酒，制成的正是茅台酒。

延伸阅读

茅台酒的特点

茅台酒具有酱香突出、酒体醇厚、幽雅细腻、回味悠长、空杯留香、酒度低而不淡、酒香而不艳、饮后不上头等特点，且不添加任何香气香味物质，对人体有一定的保健功效。所以，国酒茅台是我国传统白酒中出口最早、出口国家最多、吨酒创汇最多的白酒，多年来，深受国内外消费者的喜爱。

第十讲 名酒传说——三杯醇酿话玉液

传世名酒泸州老窖

泸州老窖始创于明朝，为中国七大名酒之一，也是世界知名的顶级蒸馏酒。它不仅传承了中国酒文化，更是中国酒文化的延续。

据泸州出土文物考证，泸州酒史可追溯到秦汉时期，这可从泸州出土的汉代陶角酒杯、汉代饮酒陶俑以及汉代画像石棺上的巫术祈祷图得到证明。

泸州酿酒史

宋代，泸州以盛产糯米、高粱、玉米著称于世，酿酒原料十分丰富，据《宋史·食货志》记载，宋代也出现了"大酒"、"小酒"之分。所谓"小酒"是指酿成即鬻的米酒。这种酒当年酿制，无需贮存。因为谷物原料品质的差异、曲药质量的高低以及酿酒师工艺水平、酿造时间、温度等方面的不同，价格上出现了几十个档次。所谓"大酒"，就是一种蒸馏酒，据《酒史》记载，大酒是腊月下料，采取蒸馏工艺，从糊化后的高粱酒糟中烤制出来的酒。经过"酿"、"蒸"出来的白酒，还要储存半年，待其自然醇化老熟，方可出售，即史称"候夏而出"。这种施曲蒸酿、储存醇化的"大酒"在原料的选用、工艺的操作、发酵方式以及酒的品质方面都已经与泸州浓香型曲酒非常接近，可以说是今日泸州老窖大曲酒的前身。

宋代的泸州设了6个收税的"税务"机关，其中一个即是征收酒税的"酒务"，泸州"酒务"每年征收的酒税占地方商税总额的10%，庶民百姓不受朝廷酒禁的限制，可以自由酿酒发售，可见宋代泸州酒业的规模大大超出了文献的记载。

明朝万历元年(1573年)，"舒聚源"作坊选用泸州城外五渡溪黄泥，在龙泉井侧建窖酿酒，并创研"万年母糟，续

◆ 泸州老窖酒坊

糟配料，泥窖生香，密封发酵，看花断酒，窖藏老熟，小桶勾兑，大罐扯匀"的纯古法传统酿造技艺。至清代，"舒聚源"改为"温永盛"，这便是泸州老窖的前身。泸州老窖自舒氏以来一直采用父子、师徒相承，口口相述的酿造技艺传授方式，以不可复制、中国唯一自明朝万历年间持续使用至今的"1573国宝窖池群"为载体，用泸州特产软质小麦制作曲药、泸州极品糯红高粱为酿酒原料，以特有的固态甑桶蒸馏、天然洞库原酒陈酿，口传心授酿酒技艺精心酿制而成。

酒的名字往往蕴涵着酒本身的含义，比如酿造工艺或者原料、产地、水质等。泸州老窖品牌"国窖1573"，这种用数字来命名的中国名酒是很独特的。

好酒不怕巷子深

话说清代，泸州南城营沟头，有一条很深很长的酒巷。酒巷附近有8家手工作坊，据说当时泸州最好的酒就出自于这8家。其中，酒巷尽头的那家作坊因为其窖池建造得最早，所以在8家手工酿酒作坊中最为有名。人们为了喝上好酒，都要到巷子最里面的那家去买。

1873年，中国洋务运动的代表人物张之洞出任四川学政。他沿途饮酒作诗来到泸州，刚下船，就闻到一股扑鼻的酒香，顿觉心旷神怡，就命仆人给他打酒来。谁知仆人一去就是一上午，时至中午，张之洞等得又饥又渴，才见仆人慌慌张张地抱着一坛酒一阵小跑回来。正要生气训斥，仆人打开酒坛，顿时沁人心脾。张之洞连说："好酒，好酒。"猛饮一口，顿觉甘怡清爽，于是气也消了，问道："你是从哪里打来的酒？"仆人忙回答说："小人听说营沟头温永盛作坊里的酒最好，所以，小人倒拐拐、转弯弯，穿过长长的酒巷到了最后一家温永盛作坊里买酒。"张之洞于是点头微笑道："真是酒好不怕巷子深啊！"

现在，那条弯弯的酒巷已改建成宏伟的国窖广场，产好酒的窖地也被国务院命名为"1573国宝窖池群"，被列为全国重点文物予以保护。"酒好不怕巷子深"的故事也伴着泸州老窖的酒香，从这里飞出，香透了整个中国。

延伸阅读

浓香型白酒典型代表的由来

1952年，新中国举行第一届全国评酒会评选全国名酒。评选名酒的标准是：酒品必须有独特的风格，在1915年巴拿马万国博览会上必须获过金奖，其后又在国内获得大奖的名酒。评选组按照评选名酒的标准，对多达两百多种的酒样进行理化分析、感官品评，初选出了8种名酒，又经全国酒类专家大会一致审查通过，最后评选出八大名酒。八大名酒中有4种是白酒，泸州老窖名列其中，因此被人称为"中国四大白酒"。由于白酒品种繁多，风格不一，评酒专家们又根据白酒的香型，将它们划分为：酱香型、浓香型、清香型等。而泸州老窖大曲酒，则以它的浓香爽口、柔和纯净，被誉为"浓香型白酒的典型代表"（故又称为"泸香型"），奠定了"浓香正宗"的地位。

酒中三绝之西凤酒

西凤酒始于殷商晚期的"秦酒",盛于唐宋时期的"柳林酒",距今已有三千年历史,是中国凤香型白酒的典型代表。

西凤酒产于陕西省凤翔县柳林镇。凤翔古称雍,为炎黄文化和周秦文化的发祥地,是中国著名的酒乡,文化积淀十分深厚。这里自古盛产美酒,唯以柳林镇所产之酒为上乘。据史料记载,周文王时"凤凰集于岐山,飞鸣过雍",凤凰常在此栖息。唐肃宗至德二年(757年),朝廷根据民间典故将雍城改名"凤翔"。柳林镇古名"玉泉里",据《史记·秦本纪》记载,这里有一神泉,泉水喷涌如注,水质纯正、甘甜怡人,故名"玉泉"。百姓每遇疾病,饮玉泉水之后,疾病便会痊愈;妇女饮用后,肤洁如玉、光彩照人;用玉泉水洗过的菜放置七日不腐不烂,依旧新鲜,淘过的米更是清香诱人,营养丰富。在秦朝时期,用此泉水酿造的秦酒与秦国骏马一同被视为"秦之国宝",至今,民间仍流传着"东湖柳、西凤酒、女人手"的佳话。

关于西凤酒,还有几则趣事:

秦穆公犒赏三军

《酒谱》记载秦穆公"投酒于河三军皆醉"的故事,就发生在古雍州(今凤翔)大地。秦晋韩原大战,秦穆公讨伐晋国获胜后,军队到了黄河岸边,穆公准备犒赏三军,但只有一钟醪酒(秦饮),大臣蹇叔建议说:"虽然只有一钟'秦饮',但可把它倒进河里。"于是,三军将士沿河流争相取饮,皆被陶醉,士气大振。凤翔出土的春秋文物"大盂鼎"铭文中亦有"锡(赐)汝一卣"的记载,1986年挖掘的凤翔"秦公一号"大墓中也发现了不少春秋时期的酒具酒器。由此可见,当时雍州酿酒业十分兴旺。

秦皇大甫

秦王嬴政二十五年（前222年）五月,

◆ 大盂鼎铭文拓片

秦国军队攻破燕国和赵国，秦国上下一片沸腾，政府下令"天下大甫"，即举行全国性的饮酒盛会，秦王嬴政和文武百官一起开怀畅饮秦酒，以示庆贺。同年七月，秦军灭齐国，从而统一全国，秦王又以秦酒举行了隆重的开国大典，自称始皇帝，再次下令"天下大甫"，举国同庆。从此秦酒便成了秦王朝的御用酒。

以酒行礼

汉代时"秦酒"更名为柳林酒，已闻名遐迩。汉武帝建元二年（前139年）张骞出使西域时，柳林酒作为朝廷馈赠友邦的礼品，随着丝绸之路的商贾驼队传至中亚、西亚和欧洲各国。元狩二年（前121年），汉武帝在都城长安曾以柳林酒为大将军霍去病率领的将士饯行，使得士气大振，多次击败匈奴。据《凤翔县志》记载：从汉高祖刘邦至汉景帝刘启，曾在雍城举行了19次祭五畤活动，留下了很多赞美柳林酒的诗篇和文章。

蜂醉蝶不舞

唐朝仪凤年间，吏部侍郎裴行俭送波斯王子回国，行至凤翔县柳林镇亭子头村附近，时值阳春三月，忽然发现路旁蜜蜂、蝴蝶坠地而卧，裴公甚感奇怪，遂命驻地郡守查明原因，方知是柳林镇上一家酒坊的陈坛老酒刚开坛，其醇厚浓郁的香气随风飘至镇东南五里外的亭子头村，使蜂蝶闻之醉倒。裴公十分惊喜，即兴吟诗一首：

送客亭子头，蜂醉蝶不舞。

三阳开国泰，美哉柳林酒。

凤翔郡守遂赠美酒一坛予裴侍郎。回朝以后，裴侍郎将此酒献给高宗皇帝，皇帝饮之大喜。自此，西凤酒又被列为唐朝皇室御酒。

西凤酒的"秦酒"之名，最早见于西周初年的方鼎铭文。1924年，军阀党玉昆从距柳林镇10千米的灵山掘墓盗得方鼎，方鼎铭文中就有"饮秦饮"三个字，有古汉语学者在研究方鼎铭文后，对"饮秦饮"这三个字作了解释，其中的"饮"为品饮，"秦饮"为酒名，就是"饮秦酒"。方鼎铭文记载的是周公旦牧野大战凯旋之后，在故里雍州(今凤翔)祭祀祖先，摆宴庆功，犒赏将士，以秦酒举行盛大庆祝活动的史实。

延伸阅读

西凤酒工艺特点

西凤酒采用老五甑"续渣、土暗密发酵"的技术，采用"热拥法"、"酒海储存"等独特的酿造工艺酿造，这也是西凤酒在中国白酒中一枝独秀的根本所在。西凤酒的储存也是采用独有的"酒海"储存方式。酒海采用地产藤条编制而成，成形后用豆腐、鸡蛋清、猪血、石灰等和成黏合剂，在其内壁用白棉布、麻苟纸手工糊近百层，最后用菜油、蜂蜡涂抹表面，干燥后用来储存新酒。西凤酒的勾兑是采用储存多年的单样酒按照不同生产阶段、不同质量等级、不同风格特征，先由勾酒师取样识别，分类排比之后设计勾兑小配方，再经过勾酒师的感官品评、计算机理化指标分析合格之后，进行放大勾兑。大样勾兑完成后，要经过公司评酒委员会进行品评，在进入灌装前还要用气相色谱仪进行分析检测，品评和检测双合格的酒才可灌装出厂。

第十讲 名酒传说——三杯醇酿话玉液

香飘四海的五粮液

作为中国酒文化高度提炼的代表，五粮液可谓酒中珍宝，在宜宾这块充满酒香的土地上绽放，继而走向全国、走向全世界——香飘四海，誉满五洲。

"五粮液"之名是1909年出现的，在此之前它叫做"杂粮酒"。从杂粮酒到五粮液，其间经过六百余年的漫长岁月，其中包含了多少创业的艰辛、人间的甘苦和成功的喜悦。

宜宾酿酒史

宜宾的酒坊最早出现在明代初期，比较有名的是宜宾北门顺河街的"温德丰"和"德胜福"，"前店"尝酒，"后厂"酿酒。从今天还保留着的明代槽坊"长发升"遗址，可窥其大概。由于酿酒技术的人才相对集中，竞争激烈，促进了酿酒技艺的提高，其中的佼佼者就是五粮液的前身——"温德丰"所酿的"杂粮酒"。

"温德丰"的第一代老板陈氏，经长期的摸索，创造出一个珍贵的配方，他大胆地在配方中加入大米、糯米，调整了原来杂粮酒的原料成分和比例，经过不断实验，终于做到了各味俱备、口味协调。人们用三句顺口溜概括了"陈氏秘方"：

荞子成半泰半成，大米糯米各两成，川南红粮用四成。

陈氏后代恪守着祖训，一代一代地将

"秘方"传下来，传到清代陈三手中。陈三继承祖业，苦心经营，使"温德丰"迎来了最兴旺的年代，后口授给赵姓爱徒，改名为"利永川"，又新开了六口窖，力求光大，之后又传给了爱徒邓子均。邓子均继承了陈氏秘方，果然酿出了香味浓郁的佳品。《中国名酒志》记载：

长期以来宜宾（叙州府）大曲酒已闻名于世，并在1915年的巴拿马太平洋万国博览会上获名酒金质奖章，然后根据人们的意见，先后减少了荞子、玉米的用量，于1928年才将杂粮酒的配方重新确定下来。

五粮液得名

1909年的一天，宜宾团练局长雷东垣邀请社会名流举办家宴。席间，捧出一坛用五种粮食酿造的美酒，坛封一开顿时满屋飘香，宾客饮之，交口称赞，这就是当时被上层人士称为"姚子雪曲"，被市井平民叫做"杂粮酒"的五谷佳酿。在众人的一片喝彩声中，举人杨惠泉细品其味、静观其色，畅饮后感叹道："如此佳酿名为'姚子雪曲'似嫌高寡，称'杂粮酒'实属不雅，此酒集五粮之精华而成玉液，何不更名为'五粮

◆ 《造酒图》

液'?"众人听后拍案叫绝。至此，"五粮液"的美名问世。邓子均在1932年正式申请注册，成批生产，商标上画有五种粮食的图案，上面写有"四川省叙州府北门外顺河街陡坎子利川永大曲作坊附设五粮液制造部"字样。

黄庭坚与"姚子雪曲"

宋代诗人黄庭坚一生好酒，他是最早宣传五粮液前身"姚子雪曲"的人，也是最早作出鉴评的人，他的诗文为后人研究五粮液留下了珍贵资料。

公元1098年，黄庭坚被贬谪为涪州别驾，朝廷为避嫌，又把他转而安置于戎州（北宋后改名为宜宾）。黄庭坚自此摆脱朝政，寄情于山水诗酒之中。其间黄庭坚创作了《安乐泉颂》，这是一篇诗化了的鉴赏酒质的评语。诗中赞美五粮液前身姚子雪曲酒：杯色增玉，白云生谷，清而不薄，厚而不浊，甘而不哕，辛而不螫。

令人称奇的是，今天的评酒专家们也给予了五粮液"香气悠久，味醇厚，入口甘美，入喉净爽，各味协调，恰到好处，尤以酒味全面而著称"的高度评价。专家科学的评价与九百多年前诗人黄庭坚的评价惊人的相似，这也恰恰说明了五粮液千古不变的卓越品质。

据说姚子雪曲酿酒的水均来自于北宋时戎州古城旧州塔下的地下良泉安乐泉。而千余年后的今天，安乐泉仍为酿造神州琼浆唯一的水源。今天，在宜宾江北公园中，有着九百多年历史的流杯池，相传就是黄庭坚所造。为了表达对"荔枝绿"的爱，黄庭坚还专门写了一篇《荔枝绿颂》，其诗曰：

> 王墙东之美酒，得妙用于六物。
> 三危露以为味，荔枝绿以为色。
> 哀白头以投裔，每倾家以继酌。
> 忘蟵蚑之蹻触，见醉乡之城郭。
> 扬大夫之拓落，陶徵君之寂寞。
> 惜此事之殊时，常生尘于樽勺。

对"荔枝绿"几乎到了"倾家以继酌"的境地，可见黄庭坚对"荔枝绿"之推崇。

第十讲 名酒传说——三杯醇酿话玉液

酒中牡丹古井贡

古井贡酒产自中国著名的历史文化名城亳州。亳州，古称谯陵、谯城，是曹操、华佗的故乡，有着悠久的酿酒历史。

古井贡酒是中国原八大名酒之一，已有一千八百多年的历史。

曹操与九酝春酒

东汉建安年间，曹操曾将家乡亳州产的"九酝春酒"献给汉献帝刘协，并上表说明九酝春酒的制法。曹操在《上九酝春酒请奏》中说："臣具故令南阳郭芝，有九酝春酒。用曲三十斤，流水五石，腊月二日渍曲，正月解冻，用好稻米，滤去曲滓，便酿……三日一

◆ 汉献帝

酝，满九斛米止，臣得法，酿之，常善；其上法，滓亦可饮。若以九酝苦难饮，增为十酿，差甘易饮，不病。今谨上献。"

"九酝酒法"是对亳州造酒技术的总结，也是亳州的"九酝春酒"曾作为贡品的最早且唯一的文字依据。另据《亳州志》记载：

现酿酒取水之古井，是南北朝梁大通四年(532年)的遗迹，井水清澈透明，甘甜爽口，含有丰富的矿物质，以其酿酒尤佳。

明代，此酒又作贡品进献万历，谓之"古井贡酒"。1959年，亳州古井酒厂（当时名亳县古井酒厂）就是据此为今天的"古井贡酒"命名的。"水为酒之血"、"名酒必有佳泉"，酒中牡丹古井贡酒之所以"色清如水晶，香醇如幽兰，入口甘美醇和，回味经久不息"享誉海内外，与酿酒所取水的一口古井是分不开的。

独孤信投铜井

公元532年，阴风怒号，战马嘶鸣。北魏为夺回谯城（今亳州），与南梁戍守的大将元树拼命死战。魏将独孤信奉命出战。但几经厮杀，仍惨遭失败，死前

将金铜长戟投入营寨附近的一口井中。直至次年，北魏再派大将樊子鹄统帅大军围攻谯城，元树粮绝战死，才收复失地。后人为纪念独孤信，在他安营扎寨的地方修建了独孤将军庙，并在他投铜的井旁开井24眼。历史沧桑巨变，现尚存4眼。千百年来，当地人民一直用这井水酿酒。

水是一种极好的溶媒，与酿酒的糖化迟速、发酵良否、酒味优劣都有极大关系。早在公元6世纪，贾思勰在其所著的《齐民要术》中就有论述："河水第一好，凡得者取极甘之井水，小咸则不佳。"这就是说，凡水中氯化物含量适当，对微生物是一种养分，对酶无刺激作用，还能促进发酵。若感觉到咸苦味时，则对微生物有抑制作用，即所谓"小咸则不佳"。应了"名酒必有佳泉"这句话，亳州古井酒厂取水的这口井水质甘甜、清澈。

古井"常年水深六七米，从未干涸过"。据当地老人说，百余年从未见过、也从未听说有人掏过井。亳州古井酒厂建立后，曾试图掏井，但终因泉涌太旺，且又限于当时无先进提水设备，只得中途作罢。至今，贡酒酿造用水仍从此井中汲取。酒厂用每小时可提水10立方米的水泵抽水，昼夜不停，井水仍不见下耗，真可谓"古井神水"。

外宾求酒

现代古井贡酒的风味和吸引力仍不减当年。据报载，一群法国游客到古城西安红楼剧院的餐厅就餐时，忽然有股酒香飘入鼻际。他们顺着酒香寻去，在餐厅的一角，几位中国人正觥筹交错，在他们的餐桌上，一个印着威武雄壮的魏武帝曹操头像的酒瓶特别显眼。法国游客连声称赞："中国文化灿烂辉煌，没想到中国的酒更加神奇，能引人至仙境，还有那酒瓶让人看一眼就不想再把目光移开，完全超出法国的白兰地。"一位法国女士用胳膊碰了碰她身边一位叫雨果的男士，要求雨果将那只酒瓶要过来。雨果耸耸肩，表示为难。原来，按法国风俗，只有最尊贵的客人才能得到宴会上最精致的礼品。雨果走到这几位中国人桌前，单腿跪下，双手高举，在座的人赶紧将他扶起，并将酒瓶赠送给了他。

延伸阅读

古井贡酒的特点

古井贡酒在淡雅香型白酒研究方面的大胆探索，走在了行业的前列。淡雅香型古井贡酒在继承传统工艺的基础上，采用了多粮投料、独特的"两花一伏"（即"桃花曲"、"伏曲"和"菊花曲"）大曲发酵、"三高一低"（即入池淀粉高、入池酸度高、入池水分高、入地温度低）和"三清一控"（即清蒸原料、清蒸辅料、清蒸池底醅、控浆除杂）等独特技术，又经小火馏酒，量质摘酒，分级贮存，分别摘出窖香、醇香、醇甜3个典型的酒放入陶坛贮存，正是这些成熟而又独具特色的生产工艺赋予了淡雅型古井贡酒优异的品质。

第十讲 名酒传说——三杯醇酿话玉液

185

白酒第一坊

在中国传统白酒酿制技艺的传承过程中，古蜀酒具有领先的地位和独特的代表性。

早在距今四五千年的成都平原宝墩文化中就已见到不少的酒器，到三千多年前的商周时代，三星堆文化更是出现了许多不同的酒器，其中既有青铜器，又有陶制品，从酿酒之器到盛酒之器，从舀酒之器到温酒、饮酒之器无不俱备，形成了古蜀酒文化完整的功能体系。《山海经·海内经》记载："爰有膏菽、膏稻、膏黍、膏稷，百谷百生冬夏播琴(种)。"盛产优质粮食，是蜀酒自古丰盛而质优的一个重要原因。

蜀中酿酒史

据史料记载，宋代成都酒税居全国之首。经过长期的历史沉淀和文化熏染，到了元明清时期，蜀中成都平原白酒的酿制技艺日臻精湛。尤其是素有争议的蒸馏型白酒酿制的技艺，在明代早期的水井街烧坊就已经存在。

明代嘉靖时期撰著《本草纲目》的医学家李时珍明确指出"烧酒，非古法也，自元时始创其法"。科学考古发掘出的大量实物证实，早在六百多年前，水井街酒坊的白酒酿制技艺就已经非常成熟。由此上溯，水井坊酒的酿制技艺与宋代名酒锦江春有着直接的关系，锦江春则与唐代贡酒生春酒有着千丝万缕的联系。

根据考古进一步研究，起源于六百多年前成都锦江畔的水井坊，曾先后酿制有锦江春、薛涛酒、八百春、福升全、全兴成等字号名酒。其间，水井坊酒经历了明末战争劫难。明末清初，一王姓客商的第三代孙承袭祖业，立志完成祖宗愿望再创酒中名牌，乾隆五十一年(1786年)，水井街烧坊这块酿酒的风水宝地被其选中，酒号取名"福升全"，酿酒取水于薛涛井(因宋代锦江春取水于此)，酿酒技艺考究，总结前人经验为"水、火、曲、人"四个字，其丰富的内涵是烧坊酿酒技艺的独到之处。"福升全"依

◆ 水井坊博物馆

仗酒质好而生意兴隆，为扩大经营需求，1824年在成都暑袜街又建新号"全兴成"。至今成都武侯祠内仍悬挂有"全兴成"与其他商号捐献的"伊周经济"匾额，充分表现出酒坊当时的影响力。

福升全美酒

相传，成都大佛寺地下有个海眼，挑动海眼，成都就会变成汪洋。为了免除水灾，人们便塑造了一座全身大佛，镇于海眼之上。这座佛像，比成都其他寺院供奉的佛像更受信徒们敬仰，因此香火很盛。尤其是每年四月初八，在这里举行的"放生会"，更是热闹非凡。仕女如云，彩船如织，市民们从各处涌来。一日兴尽之后，富贵之家往往趁晚在望江楼设宴欢歌，一般平民也要在冷香酒店随意小饮一番，这里确实是酿酒沽卖的"风水宝地"。王氏收购水井烧坊老字号后，倒用"全身佛"三字的谐音，取名"福升全"（佛身全）。

"福升全"位于水井街，而其附近的薛涛井距水井街只有二里多路，源头出自江泉，经沙石过滤之后，清澈甘洌，被誉为东郊第一井。传说唐代才女薛涛曾用此井水创制深红小笺，闻名长安，被称为"薛涛笺"。后来明代藩王特地取此井水造纸入贡，精美绝伦。清代秋季会试，主考官及朝廷官员们特地在此取水烹茶，清香扑鼻，沁人心脾。考生们甚至用井水磨墨润笔，以求吉利。

"福升全"的酿酒师没有忘记，"薛涛井"曾为唐宋时期成都佳酿"锦江春"和明代"薛涛酒"提供了优质水源。沿用这丰

◆ 成都水井街旧址

富的历史文化内涵，"福升全"烧坊决定恢复"薛涛酒"。不平常的志向、不平常的技艺、不平常的清泉，当然会带来不平常的开端。"薛涛酒"刚一问世，便大获成功。顿时，"福升全"门庭若市，短衣帮、长衫客络绎不绝。

延伸阅读

水井坊酒的特点

水井坊酒是浓香型白酒的杰出典范，以陈香飘逸、窖香浓郁为特色。酒液晶莹剔透、澄清透明，没有丝毫杂质，堪称国酒中的"国色"。像水晶体一样高度透明清亮，光泽诱人。其香气协调，有愉快感，主体香突出，无其他邪杂气味，溢香性好，一倒出就香气四溢、芳香扑鼻。酒液进口时柔和爽口，带甜、酸，无异味，饮后有余香。

别有风味的董酒

中国名酒董酒产于贵州省遵义市董公寺镇，以其工艺独到、香气独特闻名于世，是中国老八大名酒之一。

遵义董公寺一带酿酒历史悠久，在魏晋南北朝时期，这里便出现了用杂粮酿制的叫"咂酒"的发酵酒。《遵义府志》记载：

苗人以芦管吸酒饮之，谓竿儿酒。

《峒溪纤志》记载：

咂酒又名钩藤酒，以米、杂草子为之，以火酿成，不刍不酢，以藤吸取。

民间有酿制饮用时令酒的风俗。《贵州通志》记载：

遵义府，五月五日饮雄黄酒、菖蒲酒。九月九日煮蜀黍为咂酒，谓重阳酒，对年饮之，味绝香。

到元明之际，这里已出现"烧酒"。据文献记载："一切不正之酒'经蒸馏'可得三分一好酒。"

董公寺酿酒史

清代末期，董公寺的酿酒业已有相当规模，小曲酒坊处处可见，酿造酒艺互通互融，仅董公寺至高坪就有小作坊十余家，尤以酿造世家程氏作坊所酿小曲酒最为出色。1927年，程氏后人程明坤汇聚前人酿技，创造出独树一帜的酿酒方法，使酒别有一番风味，颇受人们喜爱，被称为"程家窑酒"、"董公寺窑酒"。1942年，在一次宴会上，时任高坪区区长的伍朝华提议给窑酒取个名字，在场之人无不赞同。伍朝华说："茅村出茅酒，董公寺出董酒，就取名叫'董酒'吧！"程明坤欣然同意。此后"董酒"便因产地而得名。

董酒传说

相传很久以前，贵州遵义城外的董公寺有一酿酒作坊，主人有一个儿子名醇，

◆ 董公寺镇风景

聪明好学，一心扑在酿酒技术上。他的奶奶对他说："在酒的故乡，有一座美丽的大花园，园里有一位酒花仙子，精通各种造酒技能，你长大后要去向她求教。她是非常圣洁的，不可冒犯，否则一无所得。"醇十七岁时，长成英俊的小伙子，向往到酒乡花园里去会见酒花仙子。一天傍晚，醇在郊外散步，天降大雨，迷失了方向，不知不觉中走到酒乡花园，巧遇酒花仙子，两人一见钟情。酒花仙子设宴招待醇，谈话间教了他酿造好酒的方法。喝了一会儿，双方都有点醉了，酒花仙子满面红晕，昏昏欲睡，醇也有醉意，面对酒花仙子的娇姿醉态，心有所动，但想起奶奶的教诲，顿时驱散了邪念，静卧在酒花仙子身旁。第二天，当醇醒过来时，发现自己躺在水口寺地下泉水边。他回想起向酒花仙子求教得来的酿酒方法，就用水口寺地下泉水酿酒，酿成了香味醇厚、口味香甜的好酒，著名的董酒由此产生。

1935年，中国工农红军长征时路过遵义董公寺一带。当时这里的酿酒作坊处处可见，真是"隔壁千家醉，开坛十里香"。然而，熏着酒香的红军官兵却没有一人擅自去老百姓家里喝酒。后来，指战员听说用"程家窑酒"疗伤、为伤口消毒十分见效，就带着警卫员去酒店购买。当红军指战员把银元送到酒店掌柜手上时，酒店掌柜顿时惊呆了，哆嗦着嘴唇，一个劲地说："当兵的喝酒还给钱，我活了几十岁，还是头一次见到，真是自己的队伍到来了。"一传十、十传百，乡亲们笑呵呵地主动给红军送去酒水

饭食。不少受伤的战士在用程家窑酒消毒的手术中痊愈，程家窑酒为中国革命做出了不小的贡献。

据有关报道，董酒含酸、脂、醇等微量成分达百余种，现在还有数十种未被认识，经贵州省轻工业科研所初步探明，董酒香味成分与其他名酒不一样，具有"三高一低"的特点，即丁酸乙酯、高级醇及总算含量较高，分别是其他名酒的3～5倍、2～3倍，乳酸乙酯含量则是其他名酒的二分之一以下。"脂香、醇香、药香"是构成董酒香型的几个重要方面。

延伸阅读

董酒的特点

董酒酒体清澈透明，有着原始、自然的纯朴，不留任何雕琢，酒汁以经过高原砂石泥土筛滤过的地下泉水酿造，甜爽甘冽。其香气幽雅舒适，香郁不过头、恰到好处，香气幽雅而久远，缥缈如梦幻却又实实在在，没有香水和脂粉的华贵，酒香玲珑剔透，一派天成，多一分则浓，少一分则无味。董酒入口醇和浓郁，饮后甘爽味长。名酒名在质量，贵在风格。甘者，甜也，爽者，微酸也，以利喉为准，甘而不腻，微酸微酸略有药香，此为特点，饮后回味无穷。炎炎夏日品董酒，清爽生津，清气上扬浊气下降，上下贯通，醇和浓郁，甘爽味长乃协调平衡之道，细细品尝，妙不可言。

宫廷贡酒剑南春

剑南春酒的产地绵竹，酿酒历史已有数千年。广汉三星堆遗址出土的陶酒具和绵竹金土村出土的战国时期铜罍、提梁壶等精美酒器，都证明了当地悠久的酿酒历史，剑南春正是在这片热土上诞生的。

绵竹人杰地灵，当地人朱煜见这里酿酒条件优越，于是开办了"朱天益作坊"。本地的一些士子也纷纷效仿，做起了酿酒生意，于是绵竹酿酒坊遍城皆是，酒家林立。甘陕滇黔的行商以及松潘、茂汶等少数民族地区的老板都来绵竹购运，熙熙攘攘，络绎不绝。他们先是去各家酿酒作坊选酒、议价，拍板订货；然后进出于茶房、客栈和大大小小的运输队中，雇请挑夫，择日返程。如此来来往往，累月经年，绵竹也有了"小成都"之称。诗人李锡铭描述道：

◆ 剑门关。剑南春酒就是以天下闻名的剑门关命名的。

山程水路贾争呼，坐贾行商日夜图。

济济直如绵竹茂，芳名不愧小成都。

诗人李德杨诗云：

代仪充土物，却病比人参。

绵竹酿酒史

唐朝，百业兴旺，绵竹成熟的酿酒技艺下诞生的"剑南烧春"倾动朝野。在唐代，绵竹属剑南道，"烧"指"烧酒"，即蒸馏酒，"春"是唐人对酒的雅称，故得名。唐人李肇《唐国史补》对天下名酒记载道：

酒则有郢州之富水，乌程之若下，剑南之烧春……

剑南烧春作为宫廷御酒载于《后唐书·德宗本纪》。这是唯一载入正史的四川名酒，也是中国至今唯一尚存的唐代名酒，是绵竹酒文化史上一个了不起的成就。

宋代，绵竹酿酒技艺在传承前代的基础上又有新的发展，酿制出"鹅黄"、"蜜酒"。其中"蜜酒"被作为独特的酿酒法收录于李保的《续北山酒经》，被宋伯仁《酒小史》列入名酒之中。剑南春酒传统酿造技艺的影响和作用不仅表现在社会经济发展上，同时还为南宋抗金作出了重要贡献。

集酒税抗金

南宋初年，为了筹集军费抗击金兵，时任川陕巡抚处置使的绵竹人张浚从兴旺的酿酒业和大额的酒税上受到启发，于建炎三年(1129年)实施"隔槽酒法"，鼓励民间纳钱酿酒，次年便使四川酒税由过去的140万缗猛增至690万缗。此法前后实行了七十余年。这笔庞大的酒税收入大大缓解了南宋王朝的军需困难，在抗金中发挥了重要作用。

明末清初，由于战乱不断，人口锐减，导致绵竹农业荒芜、经济萧条。依附于农业而产生的剑南春酒传统酿造技艺受到巨大威胁。直到清康熙年间才逐渐恢复，出现了朱、杨、白、赵等较大规模的酿酒作坊。剑南春酒传统酿造技艺得到进一步发展。《绵竹县志》记载：

大曲酒，邑特产，味醇香，色洁白，状若清露。

清代著名诗人李调元足迹遍及大半个中国，夸口尝尽天下名酒，非常自负，但对剑南春却赞不绝口。

延伸阅读

剑南春的特点

剑南春酿酒用水全部取自城西的玉妃泉，该泉含有多种对人体有益的微量元素和矿物质，被认定为"中国名泉"。在酿造时，以高粱、大米、糯米、小麦、玉米"五粮"为原料，产自川西千里沃野，饮山泉，沐霜雪，上得四时造化之美，下汲神景地府之精。

剑南春使用的曲，是采用千百年积累的传统工艺措施，依靠天然微生物接种制作的大曲药，不仅能保证产量，更重要的是保证酿制过程中各种复杂香味物质的生化合成。在用曲之道上，剑南春融汇众长，反复锤炼，其酿制之酒，得曲之神韵，如丝如缎，饮之可抵十年尘梦。剑南春在"窖"的选择上，也是别具一格。剑南春窖池中的微生物，千百年来生生不息，形成了别具一格自成体系的微观生态环境，对剑南春基础酒的品质起着关键的保证作用。

蓝色经典洋河酒

洋河大曲以产地苏北古镇——洋河而得名，为中国八大名酒之一。近年来洋河大曲积极提高酿造工艺，更是成为国内外闻名遐迩的名酒。

洋河地处江苏省宿迁市的宿城、宿豫、泗洪三县交汇处，面临徐淮公路，背靠京杭运河，交通畅达，酒业兴旺，市场繁荣。据传，洋河大曲在唐代就已享有盛名，可考证的历史已有400多年，明末清初已闻名天下。当时曾有九个省的客商在此设立会馆，省内外七十多位商人客籍于此，竞酿美酒，使洋河镇的酿酒业更加兴旺。关于洋河还有一个传说。

梅香买酒

相传明朝末年，白洋关(今洋河镇)有位善良美丽的梅香姑娘，因家境贫寒，在王员外家做婢女。王员外既奸猾习钻，又非常爱饮酒，常常让梅香到镇上为他买酒。一个冬天的傍晚，梅香到桥西酒店买酒，刚过桥就遇见一位衣衫褴褛、冻得瑟瑟发抖的老婆婆，心地善良的她就把酒钱全部送给了老人。王员外见梅香空着酒瓶回来，就问怎么

◆ 洋河镇风景

回事。梅香把事情经过一说，王员外立刻大发雷霆，要她把酒钱讨回来。梅香被逼无奈，只好出门去找，走到桥头，哪里还有老婆婆的影子，再走到小酒店，小酒店已关门收市。梅香左右为难，心中暗想："与其回去再受折磨，还不如自寻一死，倒也干净。"她心一横，跑到一口土井边，就要纵身跳下。关键时刻，被人一把拉住，梅香回头一看，只见在朦胧的月光下，站着一位如花似玉的大姐。大姐询问原因，梅香便哭诉起来。

仙子赠酒

大姐听后，安慰梅香说："梅香妹子好心肠，何必轻生跳井，我送你一瓶酒，快快拿去莫悲伤！"她拔下一根凤头碧玉簪，在井口上方轻轻一照，顿时井水翻花，酒香扑鼻，当即灌满一瓶送给梅香，并嘱咐她以后有困难时，只要在这口井边喊三声"九香姐姐"，就会有人来帮她解难。说完，一阵香风，不知去向。梅香半信半疑提着酒回去，王员外接过梅香打来的酒喝了一口，顿觉一股浓香沁入肺腑，清冽甘爽，妙不可言，和平日大不相同，也就不再追究了。

从此以后，梅香每次拿到酒钱，都接济了洋河镇上的贫苦乡邻，再悄悄提着酒瓶，找九香姐姐灌酒交差。时间一长，王员外心生疑窦。有一天，他叫梅香去买酒，自己悄悄尾随其后。当他看到梅香竟到井边喊人，而为梅香往瓶里灌酒的竟是一位花枝招展、倾城倾国的美女时，王员外顿时神魂颠倒，嬉皮笑脸地扑了上去。谁知，九香仙女

袖口轻轻一拂，带着梅香姑娘化作一缕清风飘逸而去。从此，人们就把这口井叫作"美人井"。井下有泉，常年不干，水质清澈，人们又称它为"美人泉"。今天的洋河佳酿，便是用同"美人泉"一样甘美的洋河镇井水酿造而成的。

延伸阅读

洋河的特点

洋河大曲，属浓香型大曲酒，系以优质高粱为原料，以小麦、大麦、豌豆制成的高温火曲为发酵剂，辅以闻名遐迩的美人泉水精工酿制而成。洋河酒作为我国绵柔型白酒的代表，因其独特的风格赢得了消费者的认可，特别是近年推出的洋河"蓝色经典"系列，更是获得了巨大成功。洋河"蓝色经典"绵柔的口感满足了消费者对现代生活的需求，实现了专家口味与大众口味的和谐统一，高而不烈，低而不寡，绵长尾净，丰满协调。饮前香气幽雅怡人，入口绵柔顺喉，饮中畅快淋漓，饮后轻松舒适。

第十讲 名酒传说——三杯醇酿话玉液

香气浓郁的双沟大曲

双沟地处淮河下游，独特的自然人文环境，铸就了双沟悠久的酿酒文化，是"最具酿酒天然环境和中国自然酒起源的地方"。

双沟大曲产于江苏省泗洪县双沟镇。双沟被誉为中国酒源头，坐落在淮河与洪泽湖环抱的千年古镇——双沟镇。双沟大曲以"色清透明、香气浓郁、风味纯正、入口绵甜、酒体醇厚、劲道悠长"等特点著称。是名扬天下的江淮派（苏、鲁、皖、豫）浓香型白酒的卓越代表三沟一河（即汤沟酒、洋河酒、双沟酒、高沟酒）之一。

相传明朝万历年间，双沟镇上有一家何记酒坊，取东沟泉水造酒，故命名为"东沟大曲"，何酒师有两个帮手，一个是他的独生女儿琼妹，长得如花似玉，酒坊里里外外全仗她帮父亲操持；另一个是镇上的孤儿，名叫曲哥，靠在酒坊帮工维持生活，他为人忠厚，做事勤快。琼妹看曲哥心眼好，又做事努力，逐渐心有所属，曲哥也早就喜欢上温柔善良的琼妹，两人情投意合，订下永结同心之盟。日子一久，何酒师觉察到二人已暗生情愫，但他嫌曲哥是一个穷小子，门不当户不对，便借故将曲哥赶走了。

曲哥离开"何记酒坊"后，成天闷闷不乐，听人说西山的报恩寺求签问卜很灵，便想去寺里求签，算一下自己的前程。一日，他走到西沟，见一老婆婆跌倒在沟底，便顾不上去报恩寺，急忙把老婆婆背到自己的破棚，像伺候自己亲妈一样精心照顾。日子长了，曲哥把以前做苦力积攒起来的血汗钱都花完了，老婆婆见他心地善良，便对他说："你救了我一命，我无以回报，只好送陪嫁的金钗给你，可是丢失了，也许就丢落在西沟里了。"说罢，老婆婆便消失不见了。曲哥信以为真，带着铁锹来到西沟，挖地三尺也没找到金钗，却挖到了一块青石板，掀开一看，只见青石板上刻着三个大字"西沟泉"，下边正汩汩流出一泓水，他双手捧起泉水一饮而尽，只觉得甜丝丝，分外爽口。

再说，琼妹自曲哥走后，朝思暮想。一日，她趁父亲不在家，毅然离家出走寻找曲哥。这天正好在西沟找到了久别的恋人，两人细说离情别恨，一不小心，琼妹将随身带的"东沟大曲"掉进了西沟泉，顿时泉水酒香四溢，这对情侣豁然开朗，便引西沟泉水酿酒，所酿美酒超凡脱俗，取名为"西沟大曲"。

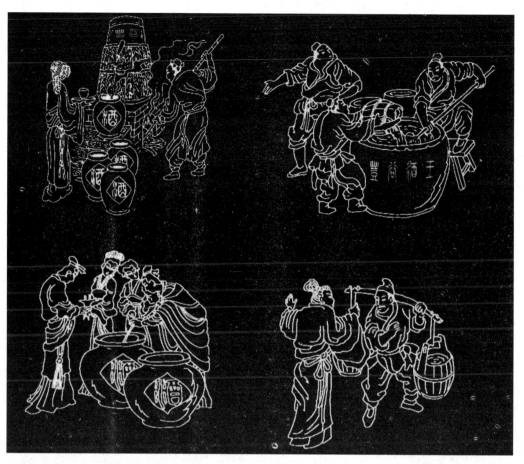

◆ 古人酿酒图

后来，何酒师年岁已高，经营酒坊渐渐力不从心，又看到琼妹和曲哥两人真心相爱，便应允了他们的婚事，两家合为一家。何酒师有多年的酿酒经验，加上西沟泉的水好，酿出的酒比以前更加醇美，重新命名为"双沟大曲"。

延伸阅读

双沟大曲的酿造方法

双沟大曲以优质高粱为原料，并以品质优良的小麦、大麦、豌豆等制成的高温大曲为糖化发酵剂，采用传统混蒸工艺，经人工老窖长期适温缓慢发酵分层出醅料，适温缓慢蒸馏，分段品尝截酒，分级密闭贮存，经过精心勾兑和严格的检验合格后灌装出厂。

国色天香的宝丰酒

宝丰酒因产于豫西伏牛山麓宝丰小城而得名，宝丰物华天宝，人杰地灵，酿酒历史悠久。在史籍中，有多处仪狄造酒的记载："仪狄始作酒醪，变五味，于汝海之南，应邑之野。"古时汝河流经汝州的一段称之为汝海，汝海之南就是汝河之南，宝丰就在汝河的南岸。

宝丰酒始于夏商，盛于唐宋，距今已有4100多年的历史。宋徽宗宣和二年（1120年），因当时县境内有白酒酿造，物宝源丰，奉敕赐名"宝丰县"。宝丰西依伏牛，东瞰平原，沙河润其南，汝水潆其北，菽麦盈野，地涌甘泉，为中州灵秀之地，也是中国白酒的重要发源地之一。

好水净肠河

相传，刘秀从义军中分散出来，另起炉灶起事，更始帝大怒，命郾王尹尊拒地对抗。刘秀坐卧不安。一日，他招来各路大将议事，诸将素知郾王最强，不好对付，均沉默不语，刘秀见状很生气。这时，将军贾复站起来请缨，刘秀转怒为喜，高兴地说："有你平郾，我有何忧。"于是贾复领军令状而去。第二天就点兵起程，夜宿晓行，不几日来到颍川郡，择依山傍水之地，安营扎寨，尔后筑土城，以备战用。

不久，郾王得知，即令金枪王陵前来挑战。双方在城东北七里许一岭上相遇，交马相战，两将一来一往，自辰时战到过午，

贾复十分骁勇，王陵枪法不凡，只战得难解难分。说时迟、那时快，贾复稍有不慎被王陵一枪戳破腹部，肚破肠出，王陵见状，以为对手即死，就勒马北去。贾复一阵昏迷后，振作精神，洗肠于河，并将之纳入腹内，巧遇洗衣妇帮他缝好肚皮，再次骑马北

◆ 汉光武帝刘秀

去寻找王陵，在城北一土岭边见王陵正在休息，冷不防手起刀落，将其尸分两段。贾复败而复胜高兴回城，路上遇见一老妇，他不由自主地问道："人肚破后还能活吗？"老妇答："不能活了！"贾复没走几步就命丧身亡了。光武帝刘秀得知后，亲自到此吊孝，葬贾复于城西南隅，并在城西北隅建祠供奉，俗称贾复庙。百姓为纪念贾复，将其曾经洗过肠的河段称为净肠河。净肠河河水清澈甘甜，至今当地百姓仍成群结队专门到河里取水烧茶喝，用此水酿制的宝丰酒更是绵甜爽净、回味悠长。

宝丰酒之美，不但凡人爱饮，连神仙也为之倾倒。

吕洞宾倾倒

隋唐时代，宝丰城内有一家大户，在仓巷街开了一个酒馆。由于他酿的酒好，生意兴隆，短短几年便成为名扬全县的大富翁。富翁感到十分满意，便和家人商量，挂出个"知足牌"，上写："凡是来馆喝酒者，不论贫富，分文不要，喝足为止。"

一天，吕洞宾和铁拐李二位大仙驾着祥云，从宝丰上空经过，看到这个"知足牌"，便想了解个究竟。于是二仙落下云头，化作叫花子到酒馆喝酒。他们喝了三天三夜还没有醉意，店员赶紧报告主人。这时，主人已知他俩不是凡人，便吩咐店员把酒全部拿出来，让他们喝。店员怕酒不够，把院里的井水打上来兑在酒里。两位大仙喝到第四天中午才起身要走，主人忙随后相送。二仙走到院中被风一吹，酒力大作，吕洞宾身子一晃，便倒在井边，满腹的酒便涌

◆ 吕洞宾

了出来，正好吐在井里。这时主人发现一朵莲花盖住了井口，后来这口井就被称为莲花井。传说用这口井里的水酿的酒，点燃后有莲花出现。后来宝丰酒的名气越来越大，竟惊动了朝廷。于是，宝丰酒便成了朝廷的御用酒。贡酒是不能要钱的，富翁破产了，他一怒之下填了莲花井，从此停业不再酿酒。

宝丰酒属清香型白酒，酒液"清香纯正、甘润爽口、回味悠长"。

延伸阅读

宝丰酒的特点

酿造宝丰酒必须选用颗粒饱满、里实皮薄、无杂质、无霉变、无虫蛀的优质高粱为主要原料，因所用原料中含有一定量的酯类、芳香族酚类和香兰素等成分，加入用小麦、大麦、豌豆混合培制而成的大曲后，经发酵、蒸馏而进入酒中，赋予其特殊的酒香，从而使酿出的宝丰酒酒体丰满，香味宜人，口感独特。

第十讲 名酒传说——三杯醇酿话玉液

悠悠岁月沱牌曲酒

沱牌曲酒是四川省射洪县沱牌集团的产品，多次获得国内、国际评酒专业赛事大奖，1988年在全国第五届评酒会上荣获国家名酒称号及金质奖。

射洪县酿酒历史悠久，早在唐代就酿有名酒。诗人杜甫宦游此地时，在《野望》诗中曰：

射洪春酒寒仍绿。

据《射洪县志》载：

射洪春酒，擅名前代工部诗称之。又费密(清初学者)称谢公东山得易酒法，归射洪造酿甚美。蜀人谓之谢酒。今之糟坛味甚香美，其遗制也。

柳树沱地处射洪县南部，从北面流来的涪江水经过射洪县的24个乡，至此出县境。也许是江水不舍离开这块土地，沱江到这里转了一个大弯。它由东而西，由西而南，由南而东，才抖抖衣袖，扬长而去。

柳树沱的沱泉远近闻名，而关于沱泉的传说更是美丽感人。

沱郎酿酒

相传很久以前，柳树沱有一个聪明的沱郎。他朴实勤劳，爱上了二里外的柳妹子。柳妹子的父母是酿酒世家，不许她嫁给家境贫寒的沱郎。然而二人相亲相爱，父母无法阻止。于是，柳妹子的父母便向沱郎提出了一个条件，要他继承酿酒事业，挖出清泉，酿出美酒，否则不能成亲。沱郎为了与柳妹子结为秦晋之好，决心找到清泉。他扛着锄头到处找啊挖啊，连续九天九夜，挖了九十九处，挖断了九百九十九把锄头，挑断了九百九十九根扁担，仍然没有找到理想的泉水。他的行动感动了玉皇大帝，于是派河对面青龙山下的龙王帮助他。龙王在青龙山与龙池山汇合处，张口喷出一道清甜可口的泉水。沱郎用这清泉酿酒，但酿出的酒既无香味，也不爽口。他并不灰心，日夜冥思苦想。

一天，沱郎悠然入睡，梦到一位年迈的老者带着他走进了龙宫，龙宫内张灯结彩，金碧辉煌。龙王举行盛宴招待沱郎，柳妹子身穿新娘礼服，犹如仙女一般，飘然而下，与他完婚。鱼兵虾将纷纷前来祝贺，老者将一壶美酒交给柳妹子，叫她敬新郎一杯。沱郎饮着这特酿的美酒，连声称赞："好酒!好酒!"临别时老者又送给他俩一坛仙酒，叫他俩带回去倾入清泉之中，这样就可酿出美酒。沱郎醒来，不见老者，也不见龙宫和柳妹子，而袖中却有一壶芳香四溢的仙酒。沱郎把仙酒倾入泉中，果然酿出美酒

◆ 射洪县金华山

料考究，工艺复杂，产量有限，每天皆有部分酒客慕名而来，却因酒已售完抱憾而归，翌日再来还须重新排队。店主见此心中不忍，遂制小木牌若干，上书"沱"字，并编上序号，发给当天排队但未能购到酒者，来日凭"沱"字号牌可优先沽酒。此举深受酒客欢迎。从此，凭"沱"字号牌而优先买酒成为金泰祥一大特色，当地酒客乡民皆直呼"金泰祥大曲酒"为"沱牌曲酒"。

来了。

有人说，那老者是青龙山下龙王的化身，他来到人间是为了帮助沱郎和柳妹子，让这对恋人终成眷属。沱郎和柳妹子成亲后，精心酿酒，使美酒名扬天下。后人为了纪念沱郎，就把他挖泉酿酒的地方取名为沱泉，把他和柳妹子酿的美酒取名为射洪春酒。

金泰祥变身沱牌

清光绪年间，李吉安在射洪城南柳树沱开酒肆一爿，名"金泰祥"。金泰祥前开酒肆，后设作坊，自产自销。李氏得"射洪春酒"真传，并汲当地青龙山麓沱泉之水，酿出之酒味浓厚，甘爽醇美，深得饮者喜爱，取名"金泰祥大曲酒"。金泰祥生意日盛，每天酒客盈门，座无虚席，更有沽酒回家自饮馈送亲朋者。一时，名声大噪，方圆百里，妇幼尽知。前来沽酒者络绎不绝，门前大排长龙。由于金泰祥大曲酒用

第十一讲

酒名的来历——琼浆佳名传芬芳

酒名文化博览（一）

酒的名称，有的取自神话，有的源于历史，有的直用地名，有的命之人名，酒名成为我国酒文化中最具魅力的一部分。

中国地大物博，幅员辽阔，各地区都有佳酿美酒。以酿酒的原产地命名酒，这是从古至今为酒冠名最为流行的一种方式。

以地命名

汉代有一种直到唐宋还常见诸诗文的新丰酒，就是以当时名叫新丰的一个地方命名的，新丰在现今陕西省的临潼一带；因诗仙李白《客中行》佳句"兰陵美酒郁金香，玉碗盛来琥珀光"而负盛名的兰陵美酒，就是以山东省苍山县兰陵镇命名的；宋元时期流行于江南地区被人们誉为珍品的建章酒，其冠名的建章就是现在江苏南京的别名；六朝时著名的关中桑落酒，也是因该酒的原产地在当时的关中；从清朝初年开始流行全国，至今仍风靡世界的绍兴酒，其命名开门见山，直接以原产地浙江绍兴为称谓。另外还有很多在历史上声名非凡但现在已不大为人所知的酒，也是以原酿酒作坊的属地来命名的，例如春秋时期有吴酒——吴酒一杯春竹叶，鲁酒——鲁酒围邯郸，还有京口酒取自江苏镇江京口镇，宜城酒源于湖北宜城，乌程酒产自浙江湖州乌程镇等等。

以地名命名是中国酒文化的一个突出特点，这种特点在发展中不断创新，有了更加丰富的文化内涵。例如，剑南春，作为中国十八种名酒之一，其名称来源于历史著名关隘——剑门关，其酒厂坐落在剑门之南的西蜀文化古都绵

◆ 青岛。青岛啤酒以城市命名，充满了城市的激情与活力。

◆ 浏阳河。浏阳河酒就是以这条河的名字命名的。

竹，加之"春"字，寓意为春风浩荡，万木茂盛，其文化底蕴尤为丰厚。这种以原产地命名的方式在新中国成立后仍是酿酒行业的流行色。如汾酒——山西汾阳、泸州老窖——四川泸州、西凤酒——陕西凤窖、宋河粮液——河南唐邑古宋河等。还有如北京特曲、青岛啤酒、燕京啤酒、即墨老酒、双沟大曲、凤城老窖、习水大曲、浏阳河酒等等。现在新的《中华人民共和国商标法》对此有了限制性规定，即不允许以县域以上的地名作为商品的注册商标使用。所以再以单纯的地名使用在酒上的现象，今后是不可能再出现了。

以材命名

以酒的原料命名，这是一种最原始的命名方法，有植物酒、动物酒、药材酒。如植物酒有秫酒、糯米酒、稷米酒、乌米酒、麦酒、高粱酒，其中五粮液酒就是由高粱、糯米、大米、玉米、小麦五种粮食酿造而成的酒。还有果酒，包括葡萄酒、梨酒、杏酒、蜜橘酒、荔枝酒、梅酒、樱桃酒等。

以花命名

以植物的花浸泡制成的酒，这在文献资料中有较多的记载。冯贽在《云仙杂记》中就有"房寿捣莲花制碧芳酒"之说。苏鄂在《杜阳杂编》中记载有"桃花酒、桂花酒"等酒名。其他书籍还记载有榴花酒、椒花酒、松花酒、藤花酒、葡花酒、玫瑰酒、蔷薇酒、花上露。用花酿成的最有名的酒，要数唐宪宗采李花酿成的李花酒，这在后世的《酒小史》、《酒颠》、《胜饮篇》等文献中，均有记载。

以动物命名

如骨酒、蛇酒、龟肉酒、羊骨酒、云南蛇酒、雄蚕蛾大补酒、东龙黄金酒、阿胶酒、椰岛鹿龟酒、五加皮酒、炮天红酒等。

延伸阅读

鸡尾酒的得名

在18世纪的美国，一位乡村旅店的老板很喜欢斗鸡。一天，他心爱的斗鸡不见了，老板为此失魂落魄。老板的女儿很着急，为了找回父亲的那只斗鸡，她当众宣布：只要谁找回了那只斗鸡，她就嫁给谁。不久，一位年轻士兵送来了那只斗鸡，老板的女儿见到这个英俊的小伙子，就拿出几瓶珍藏多年的好酒款待他。姑娘慌忙之中，乱倒一气，结果几种酒混合在一起，却别有一番风味。此后，喜爱斗鸡的人就给这种混合酒起名"鸡尾酒"。

酒名文化博览（二）

中国酒名有着深厚的文化底蕴，如孔府家酒和至圣先师孔子有关；杜康酒和传说中的酿酒祖师杜康有关。其内容之丰富、名称之繁杂，堪称文化史上的一大奇观。

中国历来给酒命名，就有以人名和贮酒器命名的传统，例如"刘伶醉"、"竹筒酒"等等。

以人名命名

以人名命酒名，多以古人名或酿酒创始者人名来命名，其目的是招揽顾客，制造轰动效应，产生显著的社会效果和经济效益。

中国酒名自古以来就讲究名人效应，

◆ 孔子像。有以孔子所住地址命名的酒"孔府家酒"。

最初以善酿者的名字命名，后来发展到历朝历代的帝王将相、才子佳人、文人墨客，这是名人文化与酒文化结合的特殊文化现象。这种以人名为酒名的命名，起源于汉末曹操所吟的"何以解忧，唯有杜康"的千古绝句。于是，从杜康酒、曹参酒、二娘子酒、史国公酒、卧龙酒、文君酒，一直到孔府家酒、张弓酒、太白酒、刘伶醉、贵妃酒、昭君酒、诸葛亮酒，一个个应运而生，为中国的酿酒业平添了浓郁的人文色彩。

以古人名命名的酒，其多是与酒有关的神话故事和历史典籍的人名。例如，因仰慕酒祖杜康的声望，河南汝阳与伊川将各自的佳酿命名为"杜康酒"，后分称为"汝阳杜康"和"伊利杜康"。

西晋名士刘伶，淡泊名利，超然世外，唯酒是务，一生放荡不羁，曾一醉三年不醒，著《酒德颂》名扬天下。河北徐水人民为了纪念他，将当地美酒命名为"刘伶醉"。

中国酒文化史上还有一则著名典故，叫"文君当垆"，说的是西汉大富豪卓王孙的千金卓文君当垆沽酒的故事。

才子司马相如相貌俊美，风流倜傥，卓文君爱慕其才貌，听琴夜奔。两人结为夫妻后，在临邛设酒肆，"文君当垆，相如涤器"，二人相亲相爱，千百年来一直被人们传颂。于是四川邛崃县酒厂不仅将其厂命名为"文君酒厂"，而且将其酿制的酒也冠名为"文君酒"。

江西一酒厂则以神话传说中的仙女麻姑的名字作为酒名，将其酒命名为麻姑酒。

以酿酒创始者的姓或名命名的酒，如作为单一类型的董香型白酒——董酒，其称谓来源于贵州省革命历史名城遵义北郊的董公寺。其寺庙是为了祭祀董酒鼻祖董醇而建造的，因而该酒便以其酿造者的先祖的姓氏冠名。有着百年历史的山东张裕葡萄酿酒公司，其产品多以自己的厂名为品牌，例如张裕金奖白兰地，张裕金奖干红葡萄酒等(命之为金奖是因为该厂的产品曾在国际博览会上获过多枚金质奖章)。还有曾见于宋人诗中的"二娘酒"也属此类。

以贮酒器命名

以贮酒器具命名的酒更具特色。例如，绍兴酒(黄酒)酿制好装入雕刻有精美花纹的酒坛内，就称为花雕酒。古代流行于四川一带的郫筒酒，更能体现这种以贮酒器具命名的风格。郫筒酒是将酿好的酒装入截好的竹节里，然后用宽大肥厚的蕉叶包好，用鲜艳的丝带扎牢，以便于放到酒店里出售。

另外，绍兴有一种独特的酒，因用途不同名称也不同，这源于绍兴为儿女"洗三"的习俗。当一对男女结婚之后，便自酿黄酒一坛，埋入地下，等儿女出世后，进行

"洗三"时饮用。生男婴，取出的自酿黄酒称为"状元红"，生女婴就叫"女儿红"。有时还要继续存放十几年的时间，为儿女们行冠礼、笄礼时备用。

唐代人喜欢以"春"命名酒，所命之名朗朗上口，高雅别致。自古以来，凡秋冬之季酿酒，到来年春季酿成的，称之为春酒。相传饮用此酒，可延年益寿。散见于唐诗之中的酒名极多，如竹叶春、梨花春、金陵春、曲米春、抛青春、松醪春、谢洪春、土窟春、石冻春、庆云春、瓮头春、蓬莱春、洞庭春、浮玉春、万里春和软脚春等不下二十种。宋代大文豪苏东坡曾曰："唐人名酒多以春。"宋代有洞庭春、罗浮春、冰堂春、雅成春、千日春、锦江春、思堂春、翁头春、万里春、蓬莱春；明代有玉圃春、石凉春、葡萄春；清代有玉带春、翁底春；现代有剑南春、燕南春、芦台春、玉泉春、鹿泉春、嫩江春、景阳春、岭南春、陇南春、芦笛春、梦龙春、盛唐春、五粮春等。

典故中的酒名

任何事物的称谓，大都有雅俗之分。例如，对牵线搭桥帮助青年男女喜结良缘的媒人，其雅号就有"红娘"、"月老"等，其俗称就是"媒婆"，有人甚至恶意称之为"皮条客"。酒名亦然。

古往今来，人们由于文化理念与认知的差异，既给予了酒不少庸俗的绰号，如"穿肠毒药"、"色媒人"，也给酒冠上了不少充满溢美之词的雅号。如现代人讲的，酒是调剂人际关系的"润滑剂"，增进友谊的"加速器"。

古代文人雅士们给予的那些充满风趣的美称，更是令人从中领悟到酒韵的魅力。酒的雅号并非指各种酒的具体名称，而是以借代的修饰方式，给酒一个风雅的美称，来代替酒的名称。酒的雅号都有典故出处，每个雅号的典故又是一个美丽动人的故事。

徐邈与酒

语出《三国志·魏

魏文帝曹丕

◆ **魏文帝曹丕**

◆ 曹操

志·徐邈传》。

汉朝末年，天下大饥，朝廷为节省粮食，严禁酿酒，故饮酒皆讳言酒，谓酒清者为圣人，酒浊者为贤人。

此后，有人便以清圣浊贤作为清浊酒的别称。陆游曾有诗云："闲携清圣浊贤酒，重试朝南暮北风。"

另有一说则是：徐邈是曹操属下的尚书郎，曹操曾下令禁酒，徐邈却每天私下饮酒，而且整天醉醺醺的。一个叫赵达的官员去询问他公事，他沉醉中答道："中（被困害之意，如中箭、中计）圣人。"意思是醉酒了。赵达禀告了曹操，曹操大怒，但不知道"圣人"是什么意思。大臣鲜于辅告之："吃酒的人把清酒叫做圣人，浊酒叫做贤人；徐邈为人品行端正，偶尔讲讲醉话而已。"于是曹操便原谅了徐邈。后来文帝曹丕即位，徐邈仍是辅佐的重臣，文帝很器重

他。一天，文帝见到徐邈，问道："你近来不中圣人么？"徐邈答曰："时复中之。"文帝笑道："名不虚传。"

诗人与酒

唐代，人们仍以"圣人、贤人"作为酒的雅号。唐代天宝年间，李适之因李林甫排挤而被罢相，曾作诗曰："避贤初罢相，乐圣且衔杯。"乐圣，就是耽酒的意思，用的就是这个典故，杜甫也曾说李适之"衔杯乐圣称避贤"。宋代文学家苏东坡被贬居黄州时，当时的太守徐君猷、通判孟亨之都不饮酒。苏东坡作诗戏之"孟嘉嗜酒桓温笑，徐邈狂言孟德疑。公独未知其趣尔，臣今时复一中之。"徐君猷与徐邈同姓，孟亨之与孟嘉同姓，苏东坡巧妙地运用了两个同姓古人的典故。孟嘉的故事出自《世说新语》和《晋书》。孟嘉是桓温的参军，桓温请教孟嘉："酒有什么好处，你偏如此爱好？"孟嘉笑答："公但未知酒中趣尔。"

延伸阅读

朗姆酒简介

哥伦布发现新大陆后从欧洲带甘蔗到加勒比海诸国，十七世纪时，移居至此的英国人开始用甘蔗为原料制造蒸馏酒，朗姆酒由此产生。十八世纪，随着欧洲各国殖民政策的推进，朗姆酒走向世界。

朗姆酒也称为"兰姆酒"，用甘蔗压出来的糖汁，经过发酵、蒸馏而成。此种酒的主要生产特点是：选择特殊的生香（产酯）酵母和加入产生有机酸的细菌，共同发酵后，再经蒸馏陈酿而成。

通俗易懂的酒名

有的酒名优美动听，有的酒名则简单直白，如二锅头、老白干、高粱酒、米酒、大曲、二曲、特曲等，这些酒名通俗易懂，很容易就让人们记住。

一天的工作结束，大家三三两两结伴回家，可能会有同事这样招呼你："伙计！跟我回家去，咱们来两盅。"这"来两盅"就是指代"喝几杯酒"，这盅便是酒的雅号。不过，在古代，酒的雅号多有文采且出于典故。

蚁、蛆

蚁和蛆都是虫类，特别是蛆还是令人厌恶的软体爬虫，怎么会作为酒的雅号呢？不过，当你诵读了白居易的《问刘十九

◆ 白居易

诗》，疑惑就迎刃而解了。"绿蚁新醅酒，红泥小火炉。晚来天欲雪，能饮一杯无？"又诗云"香醪浅酌浮如蛆"等。自此以后，多有诗人以"春蚁"、"腊蚁"、"玉蚁"、"螺蚁"、"白蚁"、"素蚁"、"绿蚁"、"浮蛆"、"玉蛆"等指代酒。人们只要在诗词中见到这些字样，便心领神会地知道，这是在叙说酒。正如殷商时代，人们一提到"曲蘖"，便明白这是指酒或酒事。其实这也与古代酿酒的方法有联系。古代酿酒，尤其家中自酿，没有榨煮过程，酒母掺水后，酒熟即可过滤取饮，过滤不净，便会有米粒、碎渣浮在酒面，犹如蚁蛆，诗人遣词造名，就称酒为蚁蛆了。

忘忧物

酒可以使人忘掉忧愁，所以就借此意而取名，晋代陶潜在《饮酒》诗之七中，就有这样的称谓："泛此忘忧物，远我遗世情；一觞虽独尽，杯尽壶自倾。"

酒兵

酒能解愁，就像兵能克敌一样，因此得名。唐代李延寿撰写的《南史·陈庆之传》中有此称谓："故江谘议有言，'酒犹

◆ 陶渊明醉归图

兵也。兵可千日而不用，不可一日而不备；酒可千日而不饮，不可一饮而不醉。'"唐代张彦谦在《无题》诗之八中也有"忆别悠悠岁月长，酒兵无计敌愁肠"的诗句。

狂药

酒能乱性，因饮后辄能使人狂放不羁而得名。唐代房玄龄编《晋书·裴楷传》有这样的记载："长水校尉孙季舒尝与崇（石崇）酣宴，慢傲过度，崇欲表免之。楷闻之，谓崇曰：'足下饮人狂药，责人正礼，不亦乖乎？'崇乃止。"唐代李群玉在《索曲送酒》诗中也写到了"帘外春风正落梅，须求狂药解愁回"的诗句。

茅柴

茅柴是对劣质酒的贬称。典出冯时化《酒史·酒品》："恶酒曰茅柴"，后又指市场出售的薄酒。吴聿曾有"东坡几思压茅柴，禁纲日夜急，盖世号市沽为茅柴，以某

易者易过"语。明代冯梦龙著的《警世通言》中有"琉璃盏内茅柴酒，白玉盘中簇豆梅"的记载。

杯中物、壶中物

因饮酒时大都用杯盛着而得名。始于孔融名言"座上客常满，樽中酒不空"。陶潜《贵子诗》也有记载，其诗云："天远苟如此，且进杯中物。"杜甫在《戏题寄上汉中王》中写道："忍断杯中物，眠看座右铭。"壶中物，典出张祜《题上饶序》，其诗五"惟是壶中物，忧来且自斟。"二雅号均从盛酒器皿而来。

延伸阅读

威士忌简介

　　威士忌属蒸馏酒，它是洋酒中的第二大类，其酒精成分大约在40%～60%之间。威士忌是用各种谷类发酵，并加入一定比例的麦芽，发酵的液体经过两次蒸馏后，再装入橡木桶储藏，经过若干年后才可装瓶出售。世界上很多国家出产威士忌，但在英语拼写上亦有小小的区别：在苏格兰威士忌被拼为WHISKY，在美国则被拼为WHISKEY。各地出产的威士忌各有特色，按照口味和产地大致可分为四类：苏格兰威士忌、爱尔兰威士忌、美国威士忌及黑麦威士忌。

诗词中的酒名

　　古代诗人饮酒作诗，多以别称称呼酒，这些别称高贵典雅，如苏东坡诗中有"苦战知君便白羽，倦游怜我忆黄封"的句子，后人便以"黄封"来代指酒。类似的例子，在酒诗中不胜枚举。

　　文人墨客自爱自赏，在其诗文中对酒的风雅俗称，现罗列于此，以供赏析。

　　酉："酉"在甲骨文中写法多达30多种，后世凡与酒有关的字，大都带酉的偏旁。现代一些专家指出古代的酉就是现代的酒。

　　醑：本为滤酒去滓之意，后借指美酒。李折有诗云："惜别倾壶醑，临分赠鞭缨。"

　　醒醐：特指美酒，出自白居易《将归一绝》："更怜家酝迎春熟，一瓮醒醐迎我归。"

　　酌：本意为斟酒、饮酒，后引申为酒的代称。如"便酌"、"小酌"。李白在《月下独酌》一诗中写道："花间一壶酒，独酌无相亲。"

　　碧液、翠物：被用作绿酒的代称，如葛长庚诗中有"三杯碧液涨甍盏，一缕青烟绕竹炉"，杨衡有诗"翠物喜盈斝"。

　　法酒、官法酒：专指按官府法定规格酿造的酒，亦称"官酝"。出自刘禹锡《昼居池上亭独吟》："法酒调神气，清琴入性灵。"

　　酤榷：指官府专卖的酒。出自苏东坡《官居即事》："对酒不尝怜酤榷，钓鱼无术漫临溪。"

　　黄封：皇帝所赐的酒，又指官酿的酒。出自苏东坡《与欧阳修等六人饮酒》："苦战知君便白羽，倦游怜我忆黄封。"

　　醅：未滤的酒。出自杜甫《客至》诗："盘飧市远无兼味，樽酒家贫只旧醅。"

　　绿醑：这是酒的别名。白居易在《自宾客迁太子少傅分司》中写道："何言家尚贫，银榼提绿醑。"

◆ 唐代酒器——龙首壶

金盘露：这是宋代诗人杨万里为醇和酒起的雅号，典出《罪雪》。

椒花雨：这是宋代诗人杨万里为烈性酒起的雅号，典出《罪雪》。

贤：又称贤人，是浊酒的别称，又叫浊贤，柳宗元有诗云："莳药闲庭延国老，开樽虚室值贤人。"

君子、中庸、小人：见于皇甫松的《醉乡日月》："家醪糯饎醉人者为君子，家醪黍饎醉人者为中庸，巷醪麦饎醉人者为小人。"

玉友：典出卢纶《题贾山人园林》，其诗云："五字每将称玉友，一尊曾不顾金囊。"原指一种酒的名称，是宋代以糯米和酒曲所酿之酒，因酒色晶莹洁白如玉而得名，后为酒的泛称。叶梦得在《避暑录话》卷上有"河东刘白堕，善酿酒。虽盛暑日中，经旬不坏。今玉友之佳者，亦如是也"的记载。

玉液：典出白居易在《效陶潜体》诗之三，其中写道："开瓶泻樽中，玉液黄金卮。"指酒美如玉一般的浆液，传说古代人认为饮了它可以成仙。

云液：典出白居易《过酒闲吟赠同老者》，诗云："云液酒六腑，阴和生四肢。"这里以云液称美酒。

椒浆：典出李嘉佑《夜闻江南人家赛神》，诗云："雨过风清洲渚闲，椒浆醉尽迎神还。"椒浆即椒酒，是用椒浸制而成的酒。因酒又名浆，故称椒酒为椒浆。《楚辞·九歌·东皇太一》写道："奠桂酒兮椒浆。"

篘：本是漉酒器，后被用来代酒。沈

◆ 唐代狩猎纹高足银杯

周诗云："儿子欣将宿酝篘，老人佳节强相酬。"

香蚁、浮蚁：酒的别名，因酒味芳香，浮糟如蚁而得名。韦庄在《冬日长安感志寄献虢州崔郎中二十韵》诗中写道："闲招好客斟香蚁，闷对琼华咏散盐。"

绿、渌：绿酒的简称，如毛滂词："瑶瓮酥融，羽觞蚁闹，花映鄳湖寒绿。"

春醪：典出陶潜《停云诗》，其诗云："静寄东亭，春醪独抚。"春醪，本为酒的一种，后泛指酒，有诗为证："不畏张弓拔刀，唯畏白堕春醪。"

古籍中的酒名

在我国文学书籍中，酒也称作"酋"、"醇"、"醨"等，这些酒名晦涩难懂，真可谓不知者不知所谓。

有关酒的雅号在古代书籍俯首皆是。我们不可能收集齐全，这里仅以手头资料为据，加以论述。亟需大家细心搜集，以丰富中华民族的酒文化艺术宝库。

酋：酒的乳名，即酒初问世时的名称，是酒的代称或统称。东汉人许慎在《说文解字》中解释说："酋，绎酒也，从酋。"

鬯：《辞海》中说，鬯，是古代祭祀神用的酒，而且是一种比较高级的酒。

醴：汉代《释名》一书中说："醴，礼也，酿之一宿而成醴。"这说明在汉代，醴是专指一种临时制作的、质量不高的酒。后人解释说，醴就是如今的"甜酒"。孔子编选的《尚书》，在《说命》中写道："若作酒醴，尔惟曲蘖。"说明孔子时代，酒和醴连在一起，作为酒的总称。

酎：出自于《礼月令·孟夏之月》："是月也，天子饮酎，用礼乐。"《辞海》注："重酿酒，经两次以至多次复酿的醇酒。"

酤：出自《诗·商颂·烈祖》："既载清酤，赉我思成。"《左传》："酤，酒。"《中华词典》注：(1)买酒。(2)卖酒，同沽。

醇：厚酒，出自《汉书·曹参传》："至者，辄饮以醇酒。"

醇酎：这是上等酒的代称。据《西京杂记》记载："汉制，宗庙八月饮酎用九醖、太

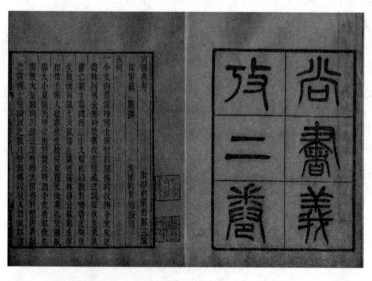

◆《尚书》书影

牢，皇帝侍祠。以正月旦作酒，八月成，名曰九醖，一名醇酎"。

酝：本为酿酒之意，后指酒。出自曹植《酒赋》："或秋藏冬发，或春酝夏成。"梅尧臣《永叔赠酒》又诗云："大门多奇酝，一斗市钱千。"

杜康：本为酿酒的酒祖，后引申为美酒的雅号，出自曹操《短歌行》："何以解忧，唯有杜康。"

醨：特指薄酒，出自《史记·屈原贾生列传》："众人皆醉，何不哺其糟而啜其醨？"

酊：清酒，出自左思《蜀都赋》："觞以清酊，鲜以紫鳞。"

醠：味厚的美酒。出自《淮南子·主术训》："肥醠甘脆，非不美也。"

酢：苦酒。出自左思《魏都赋》："肴酢亦顺时，腠理则治。"

酏：本为沐后饮酒，后引申为沐后饮的酒。《礼记·工藻》："进机进羞。"孔颖达《疏》："机，谓酒也，沐毕必进机酒。"

酋腊：极毒的酒。出自《国语·郑语》："毒之酋腊者，其杀也滋速。"

醽醁：美酒，特指醽酒，出自《聊斋志异·孤妾》："夕夜酌，偶思山东，苦醁。"醁，指醇美的酒，醽醁常连用，称醽醁酒。

绿醽：这是指带绿色的美酒。邹阳在《酒赋》中写道："其品类则，河洛绿酪。"

金波：因酒色如金，在杯中浮动如波而得名。张养浩在《普乐·大明湖泛舟》中写道："影摇动城郭楼台，杯斟的金浓滟滟。"

顾建康：见于《梁书》："元徽年间，顾宪之任建康(今江苏南京)令，甚得民和，当时京师酒人饮到醇酒，往往号之为'顾建康'"。

壶觞：典出陶潜《归去来兮辞》，诗云："引壶觞以自酌，眄庭柯以怡颜。"壶本为盛酒的器皿，雅号由器皿而得。

养生主：这是宋人唐庚对自酿酒的称谓，典出自《庄子》的篇名，其酒醇和。

齐物论：这是唐庚对烈性自酿酒的称谓，典出《庄子》的篇名。

延伸阅读

人头马

人头马是白兰地酒中最著名的一种，它是法国人雷米·马丁在1724年建立的一家酿酒公司酿造出的酒，因其商标上有一匹人头马而得名。人头马白兰地酒纯正又平和，香味浓郁而色泽鲜亮，依照储存的年代长短不同可以分成几种。其中，储存时间最短的是"上等陈酿"，在酒窖里储存五十年的是"路易十三"，它被视为"人头马"中的极品。人头马路易十三被称为烈酒之王，盛装在雕有百合花徽的手工水晶瓶中，其瓶颈还用24K纯金进行雕饰。

其他酒名赏析

在中国酒文化史籍中，有许多酒的雅号是与酒风马牛不相及的，使人颇为费解。对于这些深奥的雅号，只有了解了它的典故，弄清它的来龙去脉，才能真正懂得其奥妙。

琥珀：本是一种红色松柏树脂化石，被用来代称酒，有李贺的“绿鬓年少金钗客，缥粉壶中沉琥珀”、“琉璃钟，琥珀浓，小槽酒滴真珠红”为证。

鸩：又作酖，专指毒酒，有“饮鸩止渴”的成语。

圣：因酒色清，其味冽，所以又称“清圣、酉圣”。中酒，称“中圣”、“中圣人”，意为饮酒半酣，如徐邈因为“中圣人”而犯禁，惹得曹操发怒。倘若不好饮酒，就是“不到圣处”。

陆醑：陆醑在青州为从事，壶商等荐之，上使壶子持节召，拜陆醑为光禄勋，封为醴泉侯，谥懿侯。后人又根据这个故事，称酒为“懿泉侯”。

◆ 唐代莲瓣花鸟纹高足银杯

甘：秦观《清和先生》中，拟酒姓甘名液，字子美，号清和先生。明代孙作《甘灌传》拟酒姓甘，字公望。嘉禾梅颠道人《长乐公传》拟酒姓甘，名醴，字醇甫。

扫愁帚，钓诗钩：因酒能扫除忧愁且能钩起诗兴，使人产生灵感，所以大文豪苏东坡在《洞庭春色》中写道：“要当立名字，未用问升斗。应呼钓诗钩，亦号扫愁帚。”此后，文人便以此为酒的雅称。如元代乔吉在《金钱记》中说：“枉了这扫愁帚，钓诗钩。”

秬鬯：这是古代用黑黍和香草酿造的酒，用于祭祀降神。

白堕：这是一个善酿者的名字，后人便以“白堕”作为酒的代称。典出《洛阳伽蓝记·城西法云寺》，“河东人刘白堕善能酿酒，季夏六月，时暑赫羲，以罂贮酒，暴于日中。经一旬，其酒不动，饮之香美而醉，经月不醒。京师朝贵多出郡登藩，远相饷馈，逾于千里，以其远至，号曰鹤觞，亦

◆ 唐代金团花纹把酒杯

曰骑驴酒。"这是将酿酒者的名字称之为酒的雅号。

青州从事，平原督邮：语出南朝宋刘义庆编的《世说新语·术解》，书载："桓公(指桓温大将军)主簿善别酒，有晤辄令先尝，好者谓'青州从事'，恶者谓'平原督邮'。青州有齐郡，平原有鬲县，从事言到脐，督邮言在鬲上住。"其意为：从事为美差，誉为好酒；督邮是贱职，称劣酒，恰如其分。苏东坡贬职，暂寓惠州，好友章质夫给他送信，言及赠酒六瓶。然而，信到时酒还未到，于是吟诗笑谑："岂意青州六从事，化为乌有一先生。"后人也仿苏东坡把酒喻为青州从事、平原督邮。例如，陈师道诗云："已无白水真人分，难置青州从事来。"其中"白水真人"指金钱，缘于汉时王莽改货币为"泉"，白水为"泉"的拆字，意思是，我手中无钱难买到好酒。

流霞：本指神话传说中的仙酒，后泛指美酒。王充在《论衡·道虚》中写道："仙人辄饮我以流霞一杯，每饮一杯，数月不饥。"李白有诗曰："狐裘兽炭酌流霞，壮士悲吟宁见嗟。"

事酒、昔酒、清酒：此三种酒是周代人按酒酿制时间的长短和酒的质量来分类并冠之以名的。林尹先生说："这是三种滤去渣杂，供人喝的酒。"事酒，有事而饮也，以其随时可酿，故为新酒也；昔酒，酿造时间较久的酒，冬酿春熟，其味较事酒为厚，色亦较清；清酒，酿造时间更久于昔酒者，冬酿夏熟，较昔酒之味厚且清。关于这三种酒的谓称，一些专家认为，这是周代人的一种习惯叫法，但后世少见。

泛、盎、醒、沉、清酌：这几种酒在周代都是指不同品种的祭祀用酒。

延伸阅读

白兰地

通常讲的白兰地是以葡萄为原料酿制而成的，而以其他水果为原料酿成的白兰地，应冠以原料水果的名称，如苹果白兰地、樱桃白兰地等。

白兰地作为世界四大蒸馏名酒之一，以法国白兰地品质为最好。目前世界上产量最大、声誉最高的白兰地是法国科涅克产的白兰地。科涅克是法国夏朗德省的一座古镇，那里有大片的葡萄园，生产科涅克酒的工厂比比皆是，年平均产量为500万加仑(纯酒精)科涅克。由法国科涅克地区种植的葡萄，并在当地采摘、发酵、蒸馏和贮存所制成的白兰地，就称为科涅克，这是一个以地名命名的酒名，在世界上有着很高声誉，我国也有些地方把法文"Cognac"译成"干邑"。

第十二讲
酒联赏析——墨香酒香共一味

赞酒对联

历代文人雅士和民众都作过诗意盎然、情趣浓郁的酒联。这些酒联，不仅具有一般对联的特点，而且包括了丰富多彩的酒文化，为中国酒文化增添了靓丽色彩。

赞美酒的对联颇多，其中以"香"赞酒，以"醉"赞酒的对联最多，也最为经典。

以"香"赞酒

酒美在于香。酒之香来自于酒体内部所含的多种微量元素。这些微量元素按不同的比例互相搭配，就形成了不同的香型，如酱香型、浓香型、清香型、米香型等。任何一种酒的香气都不是单一的，而是复合香气。人对这种复合香气的感受也是有层次的，即溢香、闻香、品香、留香。人们所称赞之酒香，正是对于这四香的感受。因而，赞酒联中多用香字，如：

闻香下马，知味停车。

香浮郁金酒，烟绕凤凰樽。

野花攒地出，好酒透瓶香。

座上客常满，缸开十里香。

酒香文明阁，茶润礼貌人。

店好千家颂，坛开十里香。

斟盏隔壁醉，开坛对门香。

梅花香锦册，旭日漾金樽。

烹煮三味鲜，醉和五香羹。

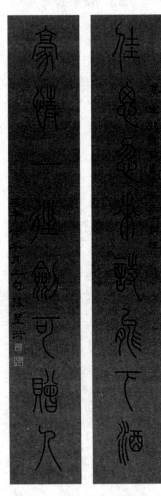

◆ 清代书法家孙星衍所书酒联：佳思忽来，诗能下酒；豪情一往，剑可赠人。

◆ 画家吴昌硕写的酒联

以"醉"赞酒

对于同一种酒来说，酒度越高香气就越浓，也越容易醉人，因而，在赞酒的联句中还常用醉字，如：

铁汉三杯脚软，金刚一盏摇头。

猛虎一杯山中醉，蛟龙两盏海底眠。

入座三杯醉者也，出门一拱歪之乎。

酿成春夏秋冬酒，醉倒东南西北人。

一楼风月当酣饮，万里云天醉醒眸。

贾岛醉来非假到，刘伶饮尽不留零。

楼头人醉三更月，酒上云横六代山。

使猛虎醉、蛟龙眠，让铁汉脚软、金刚摇头，此酒竟有如此神力！第三联联尾巧用文言虚词，增加了幽默感，同时，语带夸

张，用词形象生动。如果说饮了能醉人是好酒，那么还未饮用，仅闻到风中的香气就能醉人，此酒岂不更好？请看以下四联：

风来隔壁三家醉，雨过开瓶十里香。

陈酿美酒迎风醉，琼浆玉液透瓶香。

沽酒客来风亦醉，欢宴人去路还香。

客来远沽，只因开坛香十里；

近邻不饮，原为隔壁醉三家。

其他赞酒联

此外，还有赞香型、赞工艺、赞酒史、赞酒地等以提高酒的知名度的楹联，如：

周文王访太公知味停车，汉萧何追韩信闻香下马。(赞西凤酒酒联)

芳流十里外，香溢泸州城。(赞泸州老窖酒联)

太白若饮五粮液，唐诗定添三百章。(赞五粮液酒联)

竹叶杯中万里溪山闲送绿，杏花村里一帘风月独飘香。(赞汾酒酒联)

延伸阅读

果酒和药酒的保存

桶装和坛装果酒很容易出现干耗和渗漏现象，并且易遭细菌侵入，所以在储存的时候要注意清洁卫生和封口牢固，不能把它与有异味的物品混杂存放。瓶装果酒不应受阳光直射，因为阳光会加速果酒的质量变化。药酒要保存在通风、阴凉、避光的地方，因为一些泡制药酒的成分在温度和阳光的影响下，会有别的物质被离析出来，并且使酒液产生微浑浊的药物沉淀，这时的酒已变质或失去药用价值。

酒楼对联

酒楼的对联好比是酒的广告，但它是诗化的广告，是雅致的广告，其古朴淳厚与店号、匾额、门面修嵌、室内摆设相配合，能达到珠联璧合、相映生辉之效。

对联是酒楼中的一种文学样式，能给人以美的享受。千百年来，酒店都十分讲究对联的撰拟，使得店馆酒联趣味盎然，甚至令店家起死回生。

民国初年，成都张有贵酒家的一副酒联：

为名忙，为利忙，忙里偷闲，且饮两杯茶去；

劳心苦，劳力苦，苦中作乐，再拿一壶酒来。

江南陈兴酒家对联：

东不管西不管酒管(馆)，兴也罢衰也罢喝罢(吧)。

◆ 钱塘小酒馆

广州翠园酒家、槟城天醉酒楼的征联活动，都使其名声大振，赢得了巨大的经济效益。

一般酒楼的酒联可分为以下几种。

赞美酒菜，吸引顾客

开坛千君醉，上桌十里香。

壶小乾坤大，酒香顾客多。

菜蔬本无奇，厨师巧制十样锦；

酒肉真有味，顾客能闻五里香。

劝客饮酒，助兴佐餐

捧杯消倦意，把酒振精神。

勺盛九州菜，杯容万般情。

经济小吃饱暖快，酒肴大宴余味长。

酒间吟诗字句香，醉后挥墨笔生花。

杯中酒不满实难过瘾，店里客怎依定要一醉。

描写环境，突出外景

把东海以为觞，三楚云山浮海里；

酿长江而做醴，四方豪杰聚楼头。

表达热情，诚恳待客

人走茶不冷，客来酒尤香。

佳肴美酒君应醉，真情实意客常来。

山好好，水好好，开门一定无烦恼；

来匆匆，去匆匆，饮酒几杯各西东。

美食烹美肴美味可口，热情温热酒热气暖心。

嵌入字号，叫响店名

韩愈送穷，江淹作赋；

刘伶醉酒，王粲登楼。

（广东潮州韩江酒楼楹联）

兴家立业，可以取则取；

顺理成章，不期然而然。

（陕西咸阳兴顺酒家楹联）

翘首迎仙踪，白也仙，林也仙，苏也仙，今我买醉湖山里，非仙亦仙；

及时行乐地，春亦乐，夏亦乐，秋亦乐，秋来寻诗风雪里，不乐也乐。

（杭州西湖仙乐酒家楹联）

另外，各地酒楼又根据自己的特色，运用不同的酒联：

文同画竹韵满瀛，酒仙邀月情溢楼。

（山西文赢酒楼楹联）

四座了无尘事在，八窗都为酒人开。

（北京剑海酒店楹联）

交不可滥，须知良莠难辨；

酒莫过量，谨防乐极生悲。

（太白楼楹联）

厨下烹鲜，门庭成市开华宴；

天宫摆酒，仙女饮樽醉广寒。

（日本东京天广餐馆楹联）

银蟾照座，银海行觞，投辖思陈遵，于斯主客周旋，尽兴还须茶作酒；

龙门依然，龙蟠何以，登楼感王粲，如此风烟扰攘，息机端合醉为家。

（加拿大卡加利银龙酒家楹联）

枫色极天人共醉，林深香径月来寻。

（美国旧金山枫林小馆楹联）

上国观光，门迎珠履；

海楼得月，醉赏春宵。

（上海酒楼楹联）

香花醉酒芳仍冽，香草留人意自闲。

（香香酒庄楹联）

人我皆醉，天地一鸥。

（上海醉鸥居楹联）

一笑大江，横看樽前帆影东西，好趁晚霞归粤海；

几人诗句，喜问襟上美痕多少，未输明月醉扬州。

（广州羊城酒楼楹联）

东坡与酒友

苏东坡供职翰林院期间，有一次专门设宴款待王安石、秦观、佛印等诗朋酒友。他虽不善饮，但却非常善于当令主，能用精彩的花样酒令调节宴席气氛，使宾主尽欢。这次他提议说："我行一令，上两句用两字颠倒说，下面各用两句押韵，分别解释两句的意思，大家各吟一首，不合要求者罚酒。"众人一致赞同。

东坡吟道："闲似忙，蝴蝶双双过粉墙，忙似闲，白鹭饥时立小滩。"王安石接着吟道："来似去，潮翻巨浪还西往；去似来，跃马翻身射箭回。"秦观不甘示弱道："动似静，万顷碧潭澄宝镜；静似动，长桥影逐酒旗送。"佛印最后道："悲似乐，送葬之家喧鼓乐，乐似悲，送女之家日日啼。"

东坡举杯称妙，众人无不合其要求，遂共饮一杯。

第十二讲 酒联赏析——墨香酒香共一味

反映风俗的节日酒联

中国是一个历史悠久的文明古国，又是一个民族众多的大国。在数千年的文明发展过程中，各民族形成了多种多样的传统节日及风俗活动，而这些风俗活动和酒又脱不了关系。

中国的节俗从一开始就与酒结下了不解之缘，并且随着酒的大量生产，形成了更多更繁杂的与酒有关的风俗习惯，使得中国酒文化成为地地道道的大众文化。节俗的酒联主要有：

迎春酒联

这类酒联常使用一些具有新春特色的植物词(竹、梅、杨、柳、桃、李、杏)、动物词(莺、燕、鹊、凤)、器物词(爆竹、酒杯、锣鼓)、颜色词(红、绿、金、碧)来描写春景，有的还嵌入互相交替两年的干支或生肖，更增加了辞旧迎新的时令感，如：

盘簇五辛，家迎万福；
觞称九酝，户纳千祥。

椒花献颂；柏酒浮春。

对酒歌盛世；举杯庆升平。

元宵酒联

一年明月打头圆。正月十五夜里，天

◆ 元宵节版画。此图描绘了百姓欢度元宵的喜庆场面。

边一轮明月高悬，地上万家灯火通明，人们乘着新年后的余兴，披着早春稍带寒意的轻柔晚风，踏月观灯，对酒当歌，正是最好时节。以下酒联就是很好的写照：

春夜灯花，几处笙歌腾朗月；
良宵美景，万家酒席庆丰收。

雪月梅柳开春景，灯鼓酒花闹元宵。

天空明月三千界；人醉良辰十二楼。

端午酒联

农历五月初五，人们包粽子赛龙舟以纪念爱国诗人屈原，后世悼念屈原时多与酒发生联系。清人屈绍隆，提出喝酒读屈原的名著《离骚》："一叶《离骚》酒一樽，滩声空助故臣哀。"北方人则把五月五日视为恶日，要在这一天饮艾酒、菖蒲酒、雄黄酒，以禳毒除病。因而端午节对联中就带上了酒味儿：

酒酌金卮满；盘盛角黍香。

美酒雄黄，正气独能消五毒；
锦标夺紫，遗风犹自说三闾。

焚艾草饮雄黄清瘴防病别为邪祟；
飞龙舟裹香粽奠忠招魂是效楷模。

艾酒驱瘴千门福；碧水竞舟十里欢。

中秋酒联

月到中秋分外明，是赏月的良辰佳夕。上至帝王将相，下至庶民百姓，都乐于中秋夜饮酒赏月。月与酒自古就有着不解之缘，不少诗人嗜酒如命，又以月为魂。以下酒联便是中秋酒俗的生动写照：

喜得天开清旷域；宛然饮得桂花酒。

笙歌曲中千家月；凤酒香里万颗珠。

几处笙歌留朗月；万家酒果乐中秋。

中庭饮月三人醉；秋圃吟花二卷诗。

叶脱疏桐秋正半；花开丛桂酒亦香。

东山月，西厢月，月下花前，曲曲笙歌情切切；

南岭天，北港天，天涯海角，樽樽佳酒意绵绵。

重阳节酒联

农历九月九日，是登高、赏菊、饮酒（特别是菊花酒、茱萸酒）、吟诗的好日子。下述酒联可略见一斑：

菊花辟恶酒；汤饼茱萸香。

金凤飘菊蕊；玉露泣茱枝。

身健在，且加餐，把酒再三嘱；
人已老，欢犹昨，为寿百千春。

习射谈经天高气爽；佩萸插菊人寿酒香。

延伸阅读

李白写酒的诗

李白是诗仙，也是酒仙，这就使他的诗散发出一股浓浓的酒味。他写酒的诗歌豪迈、洒脱、奔放，以下仅举例一二：

落花踏尽游何处，笑入胡姬酒肆中。
《少年行》

兰陵美酒郁金香，玉碗盛来琥珀光。
《客中行》

花间一壶酒，独酌无相亲。
《月下独酌》

唯愿当歌对酒时，月光长照金樽里。
《把酒问月》

酒后竞风采，三杯弄宝刀。
《白马篇》

玉瓶沽美酒，数里送君还。
《广陵赠别》

美酒樽中置千斛，载妓随波任去留。
《江上吟》

风吹柳花满店香，吴姬压酒唤客尝。
《金陵酒肆留别》

名家酒联

不少名人爱好喝酒，尤其是善书者，都有酒联传世，为酒文化增添了一股浓郁的墨香气。

文人雅士题酒联，包括自题的和给他人题的，有的咏物言志，有的修身养性，有的激励斗志，有的表达情谊，有的劝学惜时，有的重教治家，都富有哲理，能给人以启迪，读来受益匪浅。以下便是一些名人以酒联句之作。

自题联

茅屋八九间，钓雨耕烟，

须信富不如贫，贵不如贱；

竹书千万字，灌花酿酒，

益知安自宜乐，闲自宜清。

　　　　——清·邓石如

不拘乎山水之形，云阵皆山，月光皆水；

有得于酒诗之意，花酣也酒，鸟叫也诗。

　　　　——清·赵之谦

高山流水诗千首；明月清风酒一船。

　　　　——清·曹雪芹

客来醉，客去睡，老无所事呼可愧；

论学粗，论政疏，诗不成家聊自娱。

　　　　——清·梁章钜

浊酒以汉书下之；清谈如晋人足矣。

　　　　——清·宋伯鲁

◆ 明代张瑞图酒联

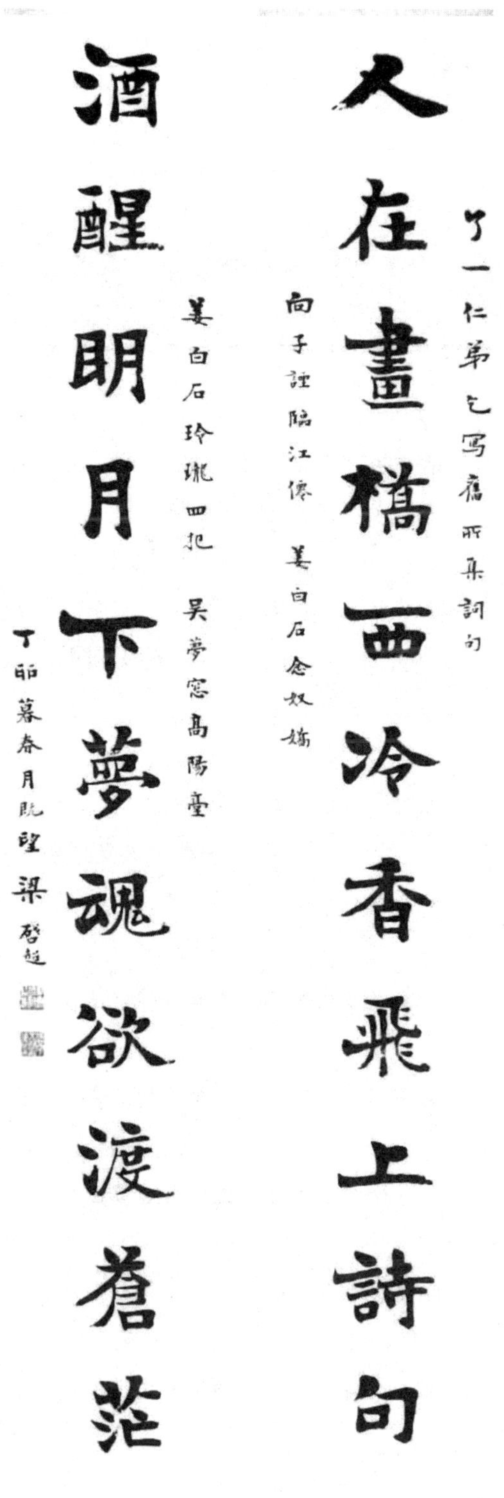

海酿千钟酒；山栽万仞葱。

——陈毅

赠题联

满堂花醉三千客；一剑霜寒四十州。

——孙中山赠张静江联

人生惟酒色机关，须百练此身成铁汉；
世上有是非门户，要三缄其口学金人。

——钱莲英女士赠夫联

人在画桥西，冷香飞上诗句；
酒醒明月下，梦魂欲渡苍茫。

——梁启超赠王力联

述先辈之立意，整百家之不齐，
入此岁末年七十矣；
奉清觞于国叟，致欢欣于春酒，
亲授业者盂三千焉。

——梁启超为康有为祝寿联

延伸阅读

会春楼酒联

明朝时，唐伯虎与友人在会春楼饮酒。酒美人醉，对联助兴。朋友出上联："贾岛醉来非假倒。"联中贾岛乃晚唐著名诗人，传有"推敲"典故，此上联以其姓名谐音"假倒"说明会春楼酒好、酒醇，喝醉是真倒而非假倒。

唐伯虎竖指称妙，接着吟出下联："刘伶饮尽不留零。"刘伶乃西晋"竹林七贤"之一，以好酒著称，这里巧用其姓名谐音"留零"，说明会春楼酒好，喝得点滴无余。会春楼当即将此对作为酒楼对联，引来不少客人，生意更加火爆。

人在畫橋西冷香飛上詩句
酒醒明月下夢魂欲渡蒼茫

丁丑仁弟乞写旧乘录词句
向子諲隔江傳 姜白石念奴娇
姜白石玲珑四犯 吳夢窗高陽臺
丁丑暮春月既望 梁启超

◆ 梁启超赠王力酒联

诗中酒联

古代诗人写酒的诗句数不胜数，可以说诗歌和酒是一对孪生兄弟，而诗中的联句也和酒一样，散发着数千载醇香。

古代诗人中以酒入诗者何止万千，可以说凡诗人皆好酒，不但诗人好酒，凡是能够吟诗作赋，行文作画的莫不好酒。这个团体包括书法家、文学家、画家、音乐家……

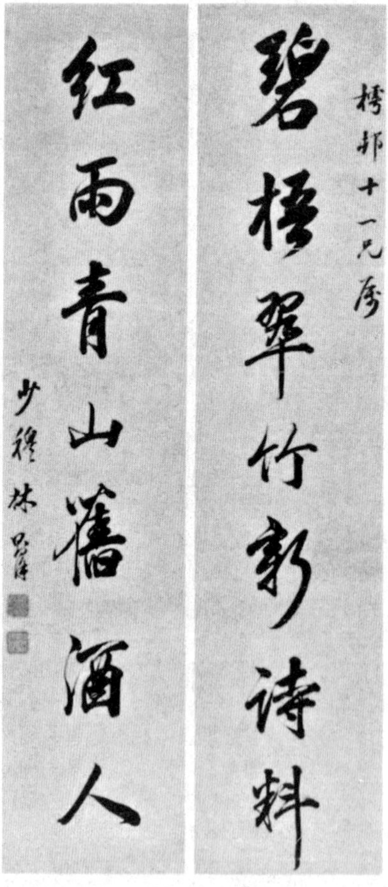

玉樽盈桂酒；河伯献神鱼。

——魏·曹植

酒能祛百虑；菊为制颓龄。

——晋·陶渊明

当歌对玉酒；匡坐酌金罍。

——南北朝·张正

欲借一樽酒；共叙十年悲。

——隋·大义公主

阮籍醒时少；陶潜醉日多。

——唐·王绩

白日放歌须纵酒；青春作伴好还乡。

——唐·杜甫

老去不知花有态；乱来唯觉酒多情。

——唐·韦庄

叶浮嫩绿酒初熟；橙切香黄蟹正肥。

——宋·刘克庄

酿泥深巷五更雨；吹酒小楼三面风。

——宋·范成大

寒心未肯随春态；酒晕无端上玉肌。

——宋·苏轼

对床喜清夜；樽酒话平生。

——金·刘汲

◆ 林则徐酒联

◆ 陈宝琛酒联

新诗淡似鹅黄酒；归思浓如鸭绿江。

——金·完颜寿

是处园林可行乐；眼前樽酒未宜轻。

——清·陈宝琛

送酒惟须满；流杯不用稀。

——唐·武则天

耳根得听琴初畅；心地忘机酒半酣。

——唐·白居易

高馆张灯酒复清；夜钟残月雁有声。

——唐·高适

绿蚁新醅酒；红泥小火炉。

——唐·白居易

烟笼寒水月笼沙；夜泊秦淮近酒家。

——唐·杜牧

无将故人酒；不及石尤风。

——唐·韩愈

龙池赐酒敞云屏；羯鼓声高众乐停。

——唐·李商隐

今朝有酒今朝醉；明日愁来明日愁。

——唐·罗隐

神童酒馆巧对士人

　　明朝著名文学家赵南星自幼聪明过人，被称为神童。有一天，淅淅沥沥地下着雨，他走进一家酒店避雨。一个路过此地的南方士人见他不过是个不满三尺的小孩，上穿粗布棉袄，下着单裤，头上戴顶破草帽，对这个被酒家称为神童的孩子就有点轻视，便对他说："我出一联，你要是对上，我就请你喝一杯酒取暖。否则，出去挨雨淋。"随即吟道："穿冬衣戴夏帽糊涂春秋。"

　　赵南星不卑不亢，对道："生南方来北地什么东西？"南方人一听，火冒三丈，连说："不好，不好！"赵南星答道："怎么不好，你上联含冬夏春秋。我下联有南北东西。"这个南方人强词夺理地说："你小小三尺顽童，竟敢如此出言不逊，成何体统？"赵南星答道："你堂堂七尺须眉，却轻言让人挨雨淋，太不像话！"这个士人一听，无言以对。

第十二讲　酒联赏析——墨香酒香共一味

227

名著中酒联

中国是一个诗歌的国度，也是一个对联的国度。联句不仅充满普通门楹、名胜古迹、牌坊酒楼，而且在古典文学作品中也处处可见。

古典小说《水浒传》、《西游记》、《三国演义》、《红楼梦》、《济公传》、《品花宝鉴》中有很多处都写到酒，有关酒的联句更是不胜枚举。

醉里乾坤大；壶中日月长。

——《水浒传》第二十九回

槽滴珍珠，漏泄乾坤一团和气；
杯浮琥珀，陶溶肺腑万种风情。

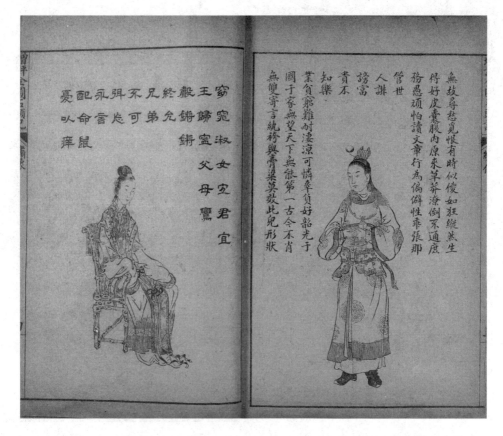

◆ 《红楼梦》书影

◆ 济公铜像

——《隋唐演义》第九回

七十二候，陆剑南酿酒盈瓶；

三百六旬，贾浪仙祭诗成轴。

——《济公传》第二十二回

嫩寒锁梦因春冷；芳气袭人是酒香。

——《红楼梦》第五回

冷吟秋色诗千首；醉酺寒香酒一杯。

——《红楼梦》之宝玉《种菊》

长安公子因花癖；彭泽先生是酒狂。

——《红楼梦》之探春《簪菊》

香融金谷酒；花媚玉堂人。

——《红楼梦》之林黛玉《世外仙源匾额》

静夜不眠因酒渴；沉烟重拨索烹茶。

——《红楼梦》之贾宝玉《秋夜即事》

女儿翠袖诗怀冷；公子金貂酒力轻。

——《红楼梦》之贾宝玉《冬夜即事》

饕餮王孙应有酒；横行公子却无肠。

——《红楼梦》之贾宝玉《食螃蟹咏》

桂霭桐阴坐举觞；长安涎口盼重阳。

——《红楼梦》之薛宝钗《食螃蟹咏》

绿萼添妆融宝炬；缟仙扶醉跨残虹。

——《红楼梦》之邢岫烟《咏红梅花》

清樽满赏山香曲；画舫遥听水调歌。

——《品花宝鉴》第四十六回

曹操煮酒论英雄；关公赚城斩车胄。

——《三国演义》第二十一回

座上客长满；樽中酒不空。

——《三国演义》之赞孔融

弦歌知雅意；杯酒谢良朋。

——《三国演义》之赞周瑜

曾谒三千斛，常驱十万兵。

——《三国演义》之赞周瑜

农夫商贩对联骂劣绅

清代咸丰年间，增城县驿道旁边有一间茅草搭的酒寮。农闲时节，农人们常常在此拉家常。乡中有一位绅士，靠着祖宗田产租息，疏通上司，才捞了个主簿的官，做了两任便因无能而告退归田，但却在乡间自命为朝廷官员，四处吹嘘。乡亲们给他起了个外号叫"臭屁官"。

一日，"臭屁官"在酒寮喝了几杯，对众人摆出一副满腹经纶的样子说："今日人齐，我先吟一诗，看谁联得上，老夫就甘拜下风了。"接着道："三字同头官宦家，三字同边绸缎纱；着尽绸缎纱，方为官宦家。"

"臭屁官"盛气凌人的样子激怒了席旁一个小商贩。他经常来往于晋冀鲁豫、湖广闽粤一带。他放下酒杯高声道："在下虽是贩夫，却也联句助兴。"他吟道："三字同头大丈夫，三字同边江海湖，走尽江海湖，方为大丈夫。"小商贩的话音刚落，一个刚卖完鸡的农夫又接上："三字同头屎尿屁，三字同边鹅鸭鸡，食尽鹅鸭鸡，放尽屎尿屁。"

"臭屁官"一听，灰溜溜地离开了。

第十三讲
趣味酒文化——经史满篇杂酒香

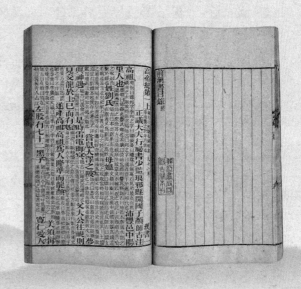

禁酒文化

中国自古以来就是一个酒业大国，上至夏商下到明清，酒在历代政治活动中一直扮演着重要的角色。因此，历代统治者都对酒非常重视，制定了相关政策法规，以利国计民生。

官府下令禁止酿酒、卖酒和饮酒的强制政策就是所谓的禁酒，目的主要是节约粮食，备战备荒，并防止沉溺于酒，扰乱朝纲，以至亡国。禁酒一般由朝廷发布禁酒令，分为绝对禁酒、禁曲酒、局部地区禁酒等不同种类。

随着生产力的发展，夏商时期粮食有了剩余，酒的酿造和消费量随之扩大。尤其是贵族饮酒的风气颇盛。正如《资治通鉴》论夏朝的最后一个国王桀时说："作瑶台、

◆ 提倡禁酒的汉文帝

罢民力、殚民财、为酒池糟堤，纵靡之乐，一鼓而牛饮者三千人。"致使其不理朝政，被商汤放逐，直至亡国。600年之后，商纣王比夏桀有过之而无不及，"以酒为池，悬肉为林"，饮酒七天七夜不歇，朝纲不整，结果商朝又被西周取而代之。

周代的禁酒政策不仅为了改变当时的社会风气，而且对于后世的禁酒政策以及粮食生产发展等社会经济方面都有着划时代的意义。

秦始皇统一六国后，规定"百姓居田舍者，毋敢醢(酤)酉(酒)，田嗇夫、部佐谨禁御之，有不从令者有罪"，明确规定不得用剩余粮食酿酒。

到汉朝，汉文帝规定"百姓之从事于末，以害农者蕃，为酒醪以靡谷者多，六畜之食焉者众与？……戒为酒醪以靡谷"。显然这是为了节约粮食而禁止酗酒之诏。

北魏文成帝太安四年(458年)始设酒禁，其原因与西周相似，采取的禁酒措施却比西周严厉得多，"足年谷屡登，士民多因酒致酗讼，或议主政，帝恶其若此，

◆ 曾下诏禁酒的唐高祖李渊

故一切禁之。酿、沽、饮皆斩之，吉凶宾朋则开禁。"

唐朝高祖武德年间亦因粮食歉收而下诏禁止酿酒，措辞激烈："沉湎之辈，绝业亡资……兵革未宁，年数不登，市肆踊贵，趋末者众，浮冗尚多，肴羞曲糵，重增其费，救弊之术，要在权宜关诸州官民，其断屠酤。"

元朝时，农业凋敝，灾荒不断，为节约粮食世祖忽必烈多次颁布禁酒诏令，其次数之多，堪称各朝之首。

明太祖朱元璋在建立明王朝以前，因粮食不足，曾发布禁酒诏令："曩因民间造酒，靡费米麦，故行禁酒之令。"之后，明朝的酒政就比较宽松了，对酒的酿销采取放任自流的税酒政策。

清朝时实行的禁酒政策主要是禁烧酒，"黄酒本无禁令"。康熙皇帝谕"蒸造烧酒，多费米谷"，"著令严禁，以裨民

禽"。乾隆二年(1737年)，国力昌盛，丰衣足食，乾隆皇帝仍然感到有禁酒的必要，他认为"养民之政策多端，而莫先于储备。所以使粟有余，以应急之用也。夫欲使粟米有余，必先去耗谷之事，而耗谷之尤甚者则莫为烧酒……今即一州、一邑而计之，岁耗谷米，少者万余石，多者数万石不等"。

禁酒政策自问世以后，历朝历代都不同程度地施行过，但都时间不长，长者数年，短者数月，就禁不下去了。

朱元璋以酒试臣

朱元璋疑心很重，常常摆下酒宴来试探臣下，就连同时起兵、同甘共苦、战功显赫的开国元勋徐达也不放过。一日，他宴请徐达，直喝到深夜，把徐达灌得酩酊大醉，才让内侍扶他到旧内睡觉。旧内曾是朱元璋称王时居住的地方，按例皇帝住过的地方，别人是不能随便住的，否则便是僭越不臣。睡到半夜，徐达酒醒，得知自己误入旧内睡觉，吓得魂不附体，翻身下床，快步走下台阶，面北再拜稽首，才出宫回府。朱元璋听说此事，暗自高兴，消除了疑虑。又一次，朱元璋用同样的办法检验另一位开国功臣郭德成。朱邀他喝酒，乘其酣醉时将两锭赏金塞到他手里，叮嘱不要告诉别人。郭德成唯唯称是，将赏金装进靴子里，但他酒醉心明，深感蹊跷，出宫门时假装醉倒，跌出靴袜，露出黄金。守门官吏慌忙进宫报告皇帝，朱元璋说："那些是朕赏赐给他的。"言讫，暗自高兴，也消除了疑虑。

第十三讲 趣味酒文化——经史满篇杂酒香

233

榷酒文化

榷酒，按现在的说法叫做酒类专卖。榷酒的主要特征是官府专卖，高价高利，监督产销，禁私缉私。

榷酒，就是现在的专卖政策，即国家垄断酒的生产和销售，不允许私人从事与酒相关的行业。由于实行国家的垄断生产和销售，酒价或者利润可以定得较高。

有关榷酒的"榷"字，《说文解字》卷六本部说："榷，水上横木，所以渡者也，以木隺声。"《汉书》韦昭注："以木渡水曰榷，谓禁民酤酿，独官开置，如道路设木为榷，独取利也。"从诸家的注释看，榷字的本意为独木桥，具有独占的含义，日本学者加藤繁博士据此作了进一步考证，说："榷就是独木桥，只可以渡一个人，两个人不能并排渡过去。这和禁止人民制造贩卖酒，由官独卖恰巧相似。因此，就借用了这个字，用作酒专卖的意思……榷，就是一手承办买卖，不使别人参与，垄断它的利益。"可见，榷酒即是酒类专卖的古代术语。

在历史上，榷酒的主要形式有垄断型、半垄断型、特许制三种。所谓垄断型，即由官府负责造曲、酿酒、运输、销售全过程，独此一家，别无分店，收入全归官府。所谓半垄断型，即官府只承担酒业的生产、专卖，其余环节则由民间负责。所谓特许制，即特许商人和酒户按官府的要求经销。

榷酒政策始于汉武帝天汉三年(前98年)二月。汉武帝时期，不设专职榷酒官员，由财政官员兼任，商品酒生产管理上，实行两种模式。一种是由官府经营的作坊和宫廷作坊直接生产并开店销售。这种由国家完全控制酒的生产领域和销售领域的榷酒形式，称作完全专卖（或称直接专卖）。另一种是国家不控制生产领域，只是对销售领域进行严格的管理，生产领域交由私营工商业经营，

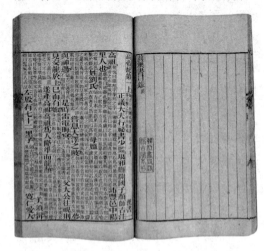

◆ 《汉书》中记载了汉代酒业专卖的片段，是了解汉代酒业发展的重要史料。

◆ 宴饮准备图（壁画）

但酒生产出来后，私营酒作坊不得上市出售，交由官府属吏，在官府开设的酒店里出售，即所谓"吏坐市列，贩物求利"。

王莽时期，榷酒政策重新复活，榷酒制度也有新的发展，并设置了专职榷官——酒士，具体督责全国各郡县的榷酒事宜，"郡一人，乘传督酒利"，比武帝时的交郡县代办，控制得更为严密。

唐朝榷酒制度有了巨大发展，从建中三年（782年）开始正式榷酒，直到唐朝灭亡。唐朝的榷酒形式有四种：一是继承汉代的做法，"官自酿卖之"；二是特许酒户专卖；三是榷酒钱，是指将榷酒时期官营酒店和特许酒户卖酒上交政府的酒课数额均入赋税之中，由所有纳税者均摊的一种榷酒方式；四是榷曲，顾名思义是政府对酒曲的销售实行独占经营。

宋代是中国历史上唯一自始至终实行榷酒制度的封建王朝。它的榷酒制度细致完备，在古代史上实属罕见。宋代榷酒形式主要有：官监酒务(酒库)、特许酒户和买扑坊场，在局部地区还曾实行榷曲、四川隔酿法

和万户酒制。

据史载，北宋中期全国有酒务1861个。酒务设专掌榷酒监督酿酒和专督酒课征收酒税的官吏。宋代官府卖酒的主要形式与汉唐相同，由地方官府自己设立酒楼、酒店(肆)出售。南宋初期由于对金作战，军费开支剧增，各种名目的酒库如雨后春笋般建立起来，军队直接经营酒库成了南宋榷酒制度的一大特点，像抗金名将岳飞、韩世忠所部就分别经营着十数个酒库。

酒库是一个酿造、批发的机构，有不少的"拍店"和"脚店"从这里批发酒来零卖。一个酒库一年使用数百万乃至上千万个酒瓶，而在酒库附近设有瓷窑，专门烧造供酒库使用的酒瓶。

榷酒是官府调节和引导酒的生产和流通的一种手段，是与禁酒截然不同的政策。

税酒与禁限私酒

税酒，即对酒类设专税。税酒始于汉代，实质上是对榷酒政策的进一步发展与补充。自汉代出现了酒税之后，唐宋都曾予以发展，尤其是宋代，对酒税的发展和完善到了登峰造极的程度，明清以后，对酒征收专门性的税收更是成为一项重要的财政收入。

税酒主要是禁止偷税漏税。税酒时，人人都有从事酒业的机会。《汉书·昭帝纪》卷七记载，民户酿酒酤卖不受限制，但必须按国家规定的数额交纳酒租，即酒税，否则将以刑律处置。

为避免榷酒在酒的生产、流通领域垄断，适当开放酒禁，征收专卖酒税。税酒时私营者按税额比例与官府分成酒利，只要按

◆ 宋真宗像

章纳税，营业不受限制。意即如果税额不重，酒户有经营自由，也不必经过特许，官府也无缉私章程，税酒也可以逐步向专卖过渡。如果不断加重税额，只让特许的商户经营，取缔非特许商的经营，并且有严厉缉私禁私的法令，则虽未宣布专卖，事实上已在专卖转化，或很接近于榷酒了。

王莽最早确定专卖税率"令官作酒……除米曲本价，计其利而什分之，以其七入官，其三及糟瓢灰炭给工器薪樵之费"。

自西汉以来，东汉、两晋南北朝、隋唐两代前期、明朝和清朝前期的大部分时间都执行的是税酒政策。

禁限私酒通常包括两个内容：一是以立法的形式禁止政府特许之外的酿酤行为；二是缉查打击已出现的私酒活动，以保障政府独得酒利。

有关禁限私酒的法律条文，汉唐时期留下的文献记载较少，宋朝则严密细致。建隆二年(961年)颁"货造酒曲律"，规定"民犯私曲至十五斤，以私酒入城至三斗

者，始处极刑，余论罪有差，私市酒曲者，减造人罪之半"，翌年"再下酒、曲之禁，凡私造差定其罪——城郭二十斤，乡间三十斤，弃市。民持私酒入京城五十里，西京及诸州城二十里者，至五斗者死；所定里数外，有官署沽酒而私酒入其地一石，弃市"。宋太祖乾道四年(966年)再下诏减轻刑罚，就上述立法量刑变化而言，显然有递减的趋势，但是实际上仍然是很严酷的，一条人命还抵不上50-100斤曲，或3-5石酒的价值。有的官吏如王嗣宗在榷酤斗量上，上疏建言给人超生，已算是不饬深峻的宽政而被载入史册了。宋代官酒务就设有"酒巡"、"酒务脚子"等专门缉私酒的组织。各地州县尉、巡检、监押等也兼有缉查的义务。宋代官府缉私酒比防范"盗贼"还残暴。

南宋大理学家朱熹在弹劾唐仲友的奏章中提到一件事，说临海县长乐乡富户沈三四因天旱雇人工车水，用家酿白酒招待雇工，这件事被临海县酒务脚子杨荣等人知晓后，遂派出三条船来到沈三四家缉查，尽管沈三四一再分辩自己没有违法卖酒，但杨荣等人还是羁押了沈三四，并"将各家衣物搬去拷打，抑令供认，罚钱三百八十贯"，最后以在州界禁地内卖酒的罪名"徒罪断遣"。虽然这件事的真正缘由是酒务官吏完不成规定的酒课额而寻机"补趁课利"，但也反映出宋代缉私酒的严酷。

另外，宋代还颁行与缉私酒法相辅的告赏法，即唆使民众互相监督，不论是谁向官府检举、告发私自酿卖酒曲之事，只要属

◆ 大力提倡酒税制度的元太宗窝阔台

实，官府便按已公布的赏格给以优厚的奖励，同时把实行者的家财籍没入官。

金朝时因袭宋朝旧制，也有严酷的禁私酒法，金世宗大定三年(1163年)诏严禁私酿。在元朝太宗六年(1234年)"颁酒曲货条禁，私造者依条治罪"。

延伸阅读

陈遵投辖留客饮

陈遵好饮酒，常在宾客满堂时关上门，把客人车上的辖（车轴上的零件）取下投入井中，使车不能行，客不得去。后遂用"陈遵投辖、孟公投辖"等喻指主人好客留宾，情真意笃。骆宾王《帝京篇》诗曰："陆贾分金将宴喜，陈遵投辖正留宾。"苏轼《送赵寺丞寄陈海州》诗曰："若见孟公投辖饮，莫忘冲雪送君时。"

佐酒文化

　　饮酒是一种文化，佐酒更是一种文化，佐酒助兴，另见一番境界。有人以戏佐酒，有人以书佐酒，有人以菜蔬佐酒，有人以蟹佐酒，更有风雅者以诗文佐酒，而风流者，则以美人佐酒，可谓世情百相，尽在酒中。

　　袁宏道《觞政》说："下酒物色，谓之'饮储'。一清品，如鲜蛤、糟蚶、酒蟹之类；二异品，如熊白、西施乳之类；三腻品，如羔羊、子鹅炙之类；四果品，如松子、杏仁之类；五蔬品，如鲜笋、早韭之类。"

　　蟹是下酒不可多得的佳品，蟹的种类和制法也多种多样。晋代以盗酒著称的毕卓，从酒与蟹中找到了人生归宿，推出了惊世骇俗的人生哲学："一手持蟹螯，一手持酒杯，拍浮酒池中，便足了一生！"戴复古说："腹有别肠能贮酒，天生左手惯持螯。"

　　晋代时还流行以书佐酒，王恭曾说："名士不必奇才，但使常得无事，痛饮酒，熟读《离骚》，便可称名士。"唐代白居易有一首《醉眠诗》，其中说到"放杯书案上，把臂火炉前"。北宋文学家苏舜钦一手执杯，一手看书，《汉书》下酒，传为美谈。明代才子张灵独坐读《刘伶传》，命童子进酒，屡读屡叫绝，辄拍案浮一大白。书中胜处甚多，酒也相应地喝得多起来，一

◆ 《饮酒读离骚》　明　陈洪绶

◆ 《金瓶梅词话》中的以戏佐酒

篇传记尚未读完，童子跪进曰："先生不要再读了，酒已经喝光了！"

以琴佐酒是将琴酒融为一体，使琴酒之趣成为文人名士风雅的一个重要组成部分，魏晋时期的"竹林七贤"，尤以阮籍、嵇康突出。历史记载，阮籍嗜酒能啸，善弹琴，得琴酒之趣，忘土木之形。

以月佐酒的醉月活动开展得最有风情的当推李白。李白生不离酒，也不离月，更忘不了月下把酒。他在《赠孟浩然》诗中说：

吾爱孟夫子，风流天下闻。红颜弃轩冕，白首卧松云。醉月频中圣，迷花不事君。高山安可仰，徒此揖清芬。

其实，这也是李白心中的理想人格，是李白风流俊赏处，是酒国里文士的清高典型。李白对酒和月怀着深厚感情，至死不

渝。相传他就是因为酒后入水捉月而死的。当他郁郁不得志、孤独无依时，当他举杯消愁没有知音时，他找到了明月，一连写下四首《月下独酌》。

到了宋代，又兴起了以杂剧佐酒之风。《宋史·乐志》中记载，朝廷还专门训练出"小儿队"、"女弟子队"，遇有大宴时即令"各进杂剧队舞及杂剧"。此后，一些富贵人家遇有喜庆宴会，也常把演员招至家中，颐指气使地指定剧目，强令演出，名曰"堂会"。

还有一种就是以色佐酒，北宋著名浪子文人柳永，几乎在醇酒妇人中度过了一辈子。相传他死后无钱安葬，是他的红粉知己们集资将他安葬于乐游原上，每当清明时节，她们纷纷携酒前来踏青扫墓，称"上风流冢"、"吊柳七会"，留下"众名姬春风吊柳七"的佳话。

品饮文化

中国古代文人雅士饮酒很讲究喝酒品味。遇到风度高雅、性情豪爽、直率的知己故交就酣饮不止。所谓"酒逢知已千杯少"、"狂来轻世界，醉里得真知"。

群饮，即众人围住酒坛，将细管或麦秆等空心物伸入坛内吸饮，边饮边加水，一直饮到酒味淡了为止，这种方法一般用于待客。

冷饮，先以冷水浇淋酒坛外壁，使其降温，然后才开始饮用，此法一般在暑天使用。如今饮冰啤酒即来源于此。

热饮与"冷饮法"相反，是用石头或其他物品将酒坛支起，在坛底加干柴点火，将酒温热后吸饮，黄酒加热即出于此。

独饮，"独酌南轩，拥琴孤听"（南朝鲍照）；"花间一壶酒，独酌无相亲"（唐李白）；"独酌梅花下"（明刘基）；"操一瓢兮独酌"（清陈梦雷）。无论是春日载阳，夏木繁荫，还是天高气爽，水落石出；无论是花前月下，室内野外，还是楼上林下，湖畔草中，都可以举杯独酌，犹如顾恺之啖蔗，渐入佳境，其中滋味，只能意会，难以言传。

独酌有独酌的境界，对饮有对饮的妙处。东京汴梁沙行王氏新开酒楼，石曼卿、刘潜二人竟不约而同来此酒楼饮酒，这是一奇；两人对饮终日，这又是一奇；两人对饮终日，竟然没有交谈一句，这是奇上加奇。直饮到夕阳下山时分，石、刘二人才相偕而去，全然没有一点儿酒色。翌日，京城盛传有二仙人在王氏酒楼上对饮，人们纷纷前来，一时名噪，生意兴隆。

小饮，陈畿亭《小饮壶铭》说："名花忽开，小饮；好友略憩，小饮；凌寒出门，小饮；冲暑远弛，小饮；馁甚不可遽食，小饮；珍醢不可多得，小饮。"真可谓饮不在多，得味通灵；大饮成狂，小饮得趣。

狂饮，酒是狂药，文士有了酒，益增其狂，导致他们的生活情趣、美学情趣、个性特征在清狂之外，复开醉狂一极。避世之狂有了酒，越发旷达；忤世之狂有了酒，越发简傲。阮籍、嵇康是两种醉狂的典型。盖饶宽自称"酒狂"，杜堇、高其佩、郑板桥、李方膺都号"古狂"，郭诩号"清狂道人"，徐渭人称"狂士"，陈老莲自号"狂士"，黄道周、倪元璐、王铎号"三狂人"，屡见不鲜。

白居易不仅对陶渊明以酒养真给予了

◆ 清代院本"正月"，图中描绘了人们赏灯饮酒，点放烟火的场景。

高度的评价，而且自己也从饮酒中体味出饮酒"能沃烦虑消，能陶真性出"。

雅饮，苏州酒仙诗人顾嗣立结社强调酒量，着重雅怀。清吴彬云：

饮人：高雅、豪侠、真率、忘我、知己、故交、玉人、可儿。

饮趣：清淡、妙令、联吟、焚香、传花、度曲、返棹、围炉。

饮禁：华筵、连宵、苦劝、争执、避酒、恶谑、喷哕、佯醉。

饮阑：散步、歌枕、踞石、分袍、垂钓、岸巾、煮泉、投壶。

室饮，袁宏道《觞政·十五之饮饰》中概括为十六字"棐几明窗，时花嘉木，冬幕夏荫，绣裙藤席。"对室内饮酒环境布置作了十分简洁的规定，体现出清雅古朴之趣。

卯饮，卯时相当于清晨五时至七时。卯酒，是人们偏好在清晨卯时空腹饮用的一种以饮时命名的酒。苏东坡称晨饮为"浇书"。白居易描述说"佛法赞醍醐，仙方夸沆瀣。未如卯时酒，神速功力倍。一杯置掌上，三咽入腹内；煦若春贯肠，暄如日炙背。岂独肢体畅？仍加志气大。当时遗形骸，竟日忘冠带。似游华胥国，疑反混元代。一性既完全，万机皆破碎。"古人多称"扶头卯酒"，也说明卯酒对身体健康的佳处。然而，中国同时还有一句俗话"莫吃卯时酒，昏昏醉到酉；莫骂酉时妻，一夜受孤凄。"

夜饮，姜特立《夜饮》诗云："风高霜挟月，酒暖夜生春。一曲清歌罢，华胥有醉人。"夜饮别有一番风情。

第十三讲 趣味酒文化——经史满篇杂酒香

241

侑酒文化

古代的酒楼为招揽顾客，想尽方法。大概在酒楼出现后不久，就有酒楼用舞女歌妓来招揽顾客。

辛延年《羽林郎》一诗记载了汉代用西域少女充当歌妓侑酒的情形：

昔有霍家奴，姓冯名子都。

依倚将军势，调笑酒家胡。

胡姬年十五，春日独当垆。

长裾连理带，广袖合欢襦。

流传于今的"旗亭画壁"故事中，亦有关于歌妓奏乐唱曲侑酒的记载。唐代大诗人王昌龄、高适、王之涣一同到酒楼饮酒，酒至酣处，招歌妓唱曲侑酒，三人商定，若歌妓唱到自己的诗作，则在壁上做一记号，多得者为胜。结果，高适得一，王昌龄得二，只有王之涣未得，最后，歌妓中最美的一人唱了王之涣的《凉州词》，王之涣为此甚为得意。唐时许多歌妓颇有文才，她们与诗人唱和，留下了许多佳话，据记载，晚唐诗人韦蟾在武昌一次宴席上，用《文选》中"悲莫悲兮生别离"、"登山临水送将归"二句集成联语，请在座宾客续成完诗。一位歌妓首先续成，满座宾客无不拍手叫绝。这就是被后人称许的《续韦蟾句》诗，诗曰：

悲莫悲兮生别离，登山临水送将归。

武昌无限新栽柳，不见杨花扑面飞。

唐时酒楼中的歌妓被称作"录事"或"酒纠"，也有称"酒伶"的，如孟郊有诗

◆ 摹本《韩熙载夜宴图》 明 唐寅

"甘为酒伶僈，坐耻歌女娇"。陆游《老学庵笔记》记载："苏叔党政和中至东都，见妓称'录事'，太息曰：'今世一切变古，唐以来旧语尽废，此犹存唐旧，为可喜。'前辈谓妓曰'酒纠'，盖谓录事也。""录事"是古人饮酒时执掌酒令之人，大概唐宋时多以歌妓为录事，陪人饮酒或以歌舞侑酒。

宋代官府和私营酒楼也多以歌妓来侑酒，宋代用女倡卖酒名曰"设法"，凌濛初《二刻拍案惊奇》："宋时法度，官府有酒皆召歌妓承应，只站着歌唱送酒，不许私侍寝席。"孙光宪《赠酒妓》诗这样写道："翠凝仙艳非凡有，窈窕年方十九。鬓如云，腰似柳，妙对绮筵歌绿酒。醉瑶台，携玉手，共燕此宵相偶。魂断晚窗分首，泪沾金缕袖。"可见宋时流行以歌妓舞女侑酒。宋人刘天迪《凤栖梧·舞酒妓》词，描写了当时舞女侑酒的情形：

一翦晴波娇欲溜。绿怨红愁，长为春风瘦。舞罢金杯眉黛皱，背人倦倚晴窗绣。脸晕潮生微带酒。催唱新词，不应频摇手。闲把琵琶调未就，羞郎却又垂红袖。

孟元老《东京梦华录》记载，酒楼"浓妆妓女数百……以待酒客呼唤，望之宛若神仙"。

元、明、清时，与唐宋时期一样，多以歌妓侑酒。元张宪《将进酒》一诗，描写了元代达官贵人家宴时歌妓侑酒的情形：

酒如渑，肉如陵。赵妇鼓宝瑟，秦妻弹银筝，歌儿舞女列满庭。珊瑚案，玻璃罌，紫丝步帐金雀屏。客人在门主出迎，莲花玉杯双手挈。主人劝客客勿停，十围画烛夜继明。但愿千日醉，不愿一日醒，世间宠辱何足惊！

明代文人宴酒以歌妓侑酒成为风尚，正如揭轨《宴南京楼》诗中所云：

诏出金钱出滔泸，倚楼胜会集文儒。
江头鱼藻新开宴，苑外莺花又赐馎。
越女酒翻歌扇湿，燕姬香袭舞裙纤。
绣筵莫道知音少，司马能琴绝代元。

袁枚《随园诗话》写道："人问：'妓女始于何时?'余云：'三代以上，民衣食足而礼教明，焉得有妓女?惟春秋时，卫使妇人饮南宫万以酒，醉而缚之，此妇人当是妓女之滥觞。不然，焉有良家女而肯陪人饮酒乎?……'"

清《清稗类钞》记京师，缙绅酒楼宴饮，皆"结纳雏伶，征歌侑酒，则洋洋得意，自鸣于人"，到晚清更成为一种风尚。

延伸阅读

唐寅善诗酒

唐寅，字伯虎，一字子畏，又自号六如居士、桃花庵主、逃禅仙史，苏州吴县人，明代画家、文学家。因牵涉科场舞弊案，株连下狱，后谪为吏。他尤工画，山水花鸟、仕女人物俱能绘，喜诗文，以学六朝为主，辞句敏快。筑室桃花坞，酒兴大作，欣然命笔，酒酣作画，皆入神品。他的座右铭："但愿老死花酒间，不愿鞠躬车马前。"唐寅的画名满天下，当时有"欲得伯虎画一幅，须费兰陵酒千盅"之谚。

第十三讲　趣味酒文化——经史满篇杂酒香